你不是记性差 只是 没找对方法

世界記憶力グランドマスターが教える
脳にまかせる勉強法

[日] 池田义博 / 著　孙律 / 译

中国出版集团 東方出版中心

目录

第一章

以视觉欺骗开发脑力、提升记忆

第二章

开动大脑、实现速记的“三画圈反复速记法”

第三章

开动大脑、归纳语句的“1分钟手写”学习法

第四章

长时间保持干劲的通用方法

第五章

关键时刻出结果——集中注意力的终极办法

前言

无论怎样的人，无论何时开始，提高记忆力并非难事

很多人都对自身的记忆力毫无信心，苦于没办法增强记忆力。很多人都向笔者咨询过此类问题。其中，参加高考和资格证书考试的人群对此尤为关注。

笔者非常理解各位的心情，毕竟考试排名结果很大程度上是由各人的记忆量决定。

虽说记忆力至关重要，然而，回顾笔者的学子生涯，学校从未教过增

强记忆力的方法。包括背诵在内，各人全凭自己摸索。而且，一个人记忆力的好坏也只能通过考试结果来反映吧。

但是，记忆力完全由天赋决定吗？

作为与生俱来的能力，记忆力是否因人而异？

基于自身经历，笔者对此持完全否定的态度。笔者自45岁左右参加记忆力大赛，连续4次获得全国冠军。之后在思维导图（Mind Map）创始人东尼·博赞（Donnie Buzan）创办的世界记忆力大赛中荣获“世界记忆大师”称号。

可以断言，记忆力“与才能和年龄无关，可以通过技巧提升”。

头脑具有记忆功能，若能巧妙运用，便可轻松记下事物。倘若对此一无所知，我们难免自愧不如地以为自身“记性不好”。因此，各人记忆力的区别只在于“是否掌握方法”。

笔者也曾将记忆力视为先天决定的才能，自感记性一般，从未想过是否存在可以增强记忆力的方法。

其实开动大脑才是关键！

笔者从45岁左右登上“世界记忆力大赛日本选拔赛”的舞台，与青年才俊同场竞技，只因为一个不经意的发现。

实践证明，“无论何时开始，均可开动大脑”。

人脑功能之优秀远超我们的想象，巧妙开动大脑的方法更是鲜为人知。在日常生活中，有意识地开动大脑的人想必也是寥寥可数。然而，一旦运用得当，大脑便可发挥惊人的威力，此前对记忆力毫无自信的笔者成为“日本最强大脑”就是最好的证明。

尤其是“开动大脑”，并不需要艰苦卓绝的练习。方法极为简单，无论是谁，都能一学就会。并且，结合学习的过程，马上就可付诸实践、渐入佳境。

关键在于，一切只需开动大脑即可。

简单来说，请读者朋友把“开动大脑”理解为事半功倍的学习法。

大脑就像一位技艺高超的厨师，你只需提供食材，剩下的就交由大脑整合记忆、汇总思路。

本书具体提到的“三画圈反复速记法”和“一分钟手写法”，堪称前所未见、效率超高的学习法。而且，此方法操作起来极为简单，概括来说就是“阅读仅 3 遍、手写 1 分钟”。

随着我们开动大脑，我们的记忆力确实得以增强。不仅如此，我们的“干劲”和“注意力”等也可相应得到提升。

人脑功能优秀、值得信赖，而且所释放的惊人威力无论何时都值得期待。为此，本书将重点引荐多种开动大脑的方法，相信读者们在掌握之后可以早日实现目标。

那么，让我们马上开始学习开动大脑的方法吧！

序章

45岁左右才开始挑战，为什么能成为日本最强大脑

提升持续探索能力的方法

“希望考试合格”“希望顺利拿证”“希望增强记忆力”……有兴趣翻阅本书的读者大多抱有这样的心态吧。为了达到目标、希望掌握更有效率的学习方法、争取更上一层楼，此类想法也在情理之中。

笔者曾经也是如此，为了提高自身能力而乐此不疲地尝试各种方法。然而，经年累月的探索毫无发现，转眼之间已步入不惑之年。

此番锲而不舍自有道理，因为笔者始终坚信：“**无论何时开始，均可开动大脑。**”

笔者如今更是深信不疑，何况事实本就如此。

在整个学生时代，笔者始终没有找到适合自己的学习方法。虽然自感还能有所进步，结果却是一无所获，学习效率也不甚理想。因为笔者更为擅长理科，所以大学时笔者选择了理工科专业。

沿着这个轨迹，后来笔者成为工程师，工作也游刃有余，但是心中总有一个声音："我的能力不限于此，我可以做得更好！"

就在此时，笔者的父亲罹患癌症、不幸辞世。

父亲在老家开办培训学校。此前笔者从未想过子承父业，直到这时才正视现实。于是，抱着改变自己的心态，毅然辞职、回到故乡。

在接手培训学校数年之后，笔者始终处于摸索阶段。有没有新方法？能否改变现状？屡战屡败毫无收获。

在寻找新型教学计划的过程中，笔者不经意间邂逅"记忆法"一词。

由于此前笔者习惯于理科生的思维模式，完全没有想过自身记忆力如何怎样增强记忆力。在那时的笔者看来，记忆法就和杂志背面刊登的那些远程教育的广告没什么两样。

不过，在笔者认真研究之后发现，记忆法并不像某些远程教育那样毫无意义。而且，它与个人天赋无关。作为一项开动大脑的技能，人人皆可掌握并提升这项能力。

重启人生，挑战自我

不过，那时笔者对记忆法的理解有些自相矛盾。

在笔者看来，所谓记忆法就是像拍照似的记下眼中所见，第一次听的歌曲仅听一遍就能记住的一种能力。

事实并非如此，在头脑中把目标对象加工成方便记忆的形象，这才是记忆法的本质。

基于笔者是理科出身，凡事往往注重逻辑和道理。所以，就把各种记忆法与近年脑科学的研究成果进行对照，从中筛选并学习自身觉得合理的部分。

原本抱着为培训学校开发新型课程计划的初衷，渐渐地，笔者的兴趣转向如何提升自身的记忆力。

为什么笔者会如此热衷于探索记忆法？不得不说，原因在于记忆法简单而且有趣。具体方法之后再做详细介绍，一言以蔽之，**只需开动自身大脑即可**。既然作为理科生且并不擅长背诵的笔者都能博闻强记，相信人人都可轻松地掌握。

在自创的记忆法渐渐成形时，笔者偶然得知每年举办一次的“世界记忆力大赛日本选拔赛”即将召开。虽然记忆法的摸索初见成效，但是究竟达到何种水平，笔者当时毫无概念。然而，笔者还是坚决报名。若是换成以往，估计压根不会有这样的念头。

人生虽已近过半，终究还是决定挑战自我、测试脑力。

成为日本最强大脑的必要条件

到“世界记忆力大赛日本选拔赛”报名成功的那一刻，笔者对这场大赛仍是一无所知。

记忆法的根本在于“形象”，即把目标转化为“图像”记下来。

世间不乏经过实践检验而依然存在的记忆法，其中必有相通之处。

记忆力大赛比拼的记忆对象有“人名”“扑克牌”“单词”“数字”“诗句”等，如何迅速转化为方便记忆的形象，这由记忆量决定。

为了提高记忆效率、与他人一较高下，打造自身独特的记忆法就显得至关重要。正是抱着这样的念头，笔者尝试构思新型记忆法。

为此，笔者对脑海中的信息精挑细选，其中的各种闪光点也正是本书所述学习法的基础。去粗取精之后，笔者设计了适用于记忆力大赛的技巧。

于是，笔者开始各种模拟训练，但是很快便发现始料未及却又不得不克服的难题：也许某天的训练结果不错，但是同样的条件换一天再练，结果却又不理想了。

二者的差别显然在于“注意力”。**记忆力很大程度会被精神状态影响**。

练习时心绪的起伏会导致记忆量明显有别。不难想象，到了正式比赛的紧张时刻，精神状态带来的影响就更大了。

因此，在磨练技巧之余，专注力的锻炼同样不容忽视。为了寻找最优方法，笔者走了不少弯路，但心中始终对“简单易学的方法”念念不忘。换言之，**只有人人都会的简单方法，才是最好的方法**。最终笔者发明的注意力锻炼法堪称简单高效，对此笔者颇为自豪。

于是，笔者坚定不移地贯彻对“技巧”和“精神”两个方面的锻炼，正式比赛的日子也悄然而至。

比赛前笔者调整自身状态进入“专注模式”，然后抱着与练习时同样的心态步入赛场。

在所有科目比试完成后，一看最终结果，虽说首次参赛，笔者竟然一举夺魁。而且，笔者事后才知道自己的成绩还刷新了历史最高纪录。

总之，经此一役，笔者名副其实地成为“日本最强大脑”人选。

无论何时开始，均可开动大脑

对笔者来说，报名大赛、刻苦训练，其实另有“原因”。

按照以往的观点，大脑功能随着年龄增长而衰退，因此，记忆能力等需要耗费脑细胞的能力也会相应退化。

但是，根据近年的研究结果来看，事实并非如此。

可以肯定的是，虽然人的年龄有所增长，但只要这个人勤于动脑，他的大脑便可产生新的神经回路。**神经回路的增加意味着大脑功能非但没有衰退，反而有所提升。**

前文的“另有原因”，指的就是“**无论何时开始，均可开动大脑**”。

笔者对此深信不疑，否则压根不会报名参赛，与十来岁或二十来岁的年轻人同场竞技。而且，以不惑之年战胜各路青年选手，反过来恰恰证明笔者的观点没有错。

为了避免误会，笔者再次声明，我的记忆力原本并不好。即便如今成为全国冠军，也并不认为自己就比别人聪明。

这并非出于谦虚，而是事实本就如此。

举个极端的例子，一旦“神经衰弱”发作，笔者记扑克牌的表现或许还不如常人呢。

笔者之所以能成为日本最强大脑，无非是开动大脑、巧妙地增强记忆力和集中注意力而已。

因此，增强记忆力并不取决于“大脑技能”，而是取决于“技巧”。

立足于锻炼自身记忆力和注意力的练习法以及赖以成为日本最强大脑的实战技巧，笔者从中筛选人人皆可活学活用的部分，并于本书内详细说明。

或许有些言过其实，但是笔者绝对毫无保留。

对笔者来说，在挑战自我之后，人生也迈上一个新的台阶。当前的使命在于巧用自身“记忆”造福世界。

在掌握本书介绍的方法之后，相信读者们也可和笔者一样，无论学习还是工作都能更上一层楼。

那么，我们就从下一章正式展开介绍。

第一章

以视觉欺骗开发脑力、提升记忆

欺骗大脑、提升记忆的3条方法

无论是曾经参加在校考试和资格证书考试的过来人，还是当前正在辛苦备考的后来者，相信都有这样的感慨：轻松记住学习内容并非易事。

在为记忆力大赛积极准备时，笔者也抱有同样的感受，为此笔者一直积极探索增强记忆力的方法。

“记忆”是大脑的一项功能，我们首先需要认清它的工作原理。

在人的大脑中，控制记忆的部分被称为“海马体”，记忆的持久性主要由其决定。因此，海马体犹如一位裁决信息是否具有价值的法官，或是提示“这则重要信息需要保存下来”，或是“这条信息完全没有留下的必要”。

直觉告诉笔者，这里面大有文章可做。

既然大脑按照这个原理运转，那么我们完全可以反其道而行之。换言之，**只要可以“欺骗大脑”，扩大记忆量就并非难事**。

随着研究的深入，笔者发现，若想欺骗大脑、使之认为信息重要，主要可从3个方面着手。

1.欺骗大脑的方法，让大脑妒忌

第一条方法是向大脑灌输记下来的“**意愿**”。

“不必强调意愿，学习本身就有记忆的动力。”或许有人对此不以为然，但事实上很多人都做不到这点。

记下来的“意愿”，换言之就是对学习的“专注力”。

相信很多人都有在学习的同时听音乐、看电视、上网的习惯，他们的大脑被学习之外的事物分心，潜意识里认为学习并不重要，记忆的意愿也就大打折扣：“本想专心学习，结果不是听音乐就是看手机，看来也没真当回事嘛。”

与之相反，专心学习的人会把“记忆的开关”保持常开状态，并且给他人以“心无旁骛、认真对待”的印象。

所谓“记忆的开关”，指的是方便大脑进入轻松记忆状态的“契机”。

记忆是相当耗费脑力的行为，因此人们会下意识地回避记忆，或者消极应对。

因此，为了按下让大脑认真对待的开关，首先需要创造专心学习的环境。“学习时三心二意”可是记忆的大忌。

2. 欺骗大脑的方法，让大脑寂寞

第二条方法是增加“次数”。

对于多次灌输的信息，大脑自然会得出这条信息需要铭记的判断：“多次接触的信息必定至关重要，务必持久牢记。”

对应的学习方法就是“复习”。

以往的研究表明，如果我们对记忆放任不管，那么脑海中的印象就会渐渐模糊。

大脑其实十分寂寞，对于不常光顾的访客自然印象寥寥。然而，随着访问频率增加，换言之复习次数增多，心情大好之下记忆也更为深刻。

可以说，“记忆的牢固度等于复习次数”。

3. 欺骗大脑的方法，使大脑富有感情

第三条方法是注入“感情”。

人脑会优先记住带有感情色彩的信息。在记忆时，一

旦产生某种情感，感情丰富的大脑立刻会做出反应并且记住：“这则信息很重要！”

“回忆”便是最好的证明。回忆之所以被长久铭记，只因当时的喜怒哀乐也被一起刻入脑中。

“感情”堪称记忆的强力武器。对应学习，**我们需要为记忆对象代入情感、增添信息**。

或许有人觉得这么做谈何容易，其实并没有预想得那么困难。

保持对学习乐在其中的姿态即可。只要稍下功夫，学习就会乐趣多多。

事实也的确如此。在学习历史的时候，如果把历史人物和历史剧的演员对照着记忆，对历史事件的记忆不再流于文字，而是像在脑海中放电影一般记忆，就会容易很多。

此外，众人皆知的谐音法效果也不错，例如：日本在894年停止派出遣唐史，利用日语中“白纸”和日语“894”同音，可把这个知识点稍作加工，枯燥乏味的专业术语也能变得生动有趣。

为了注入感情、增强记忆，我们需要时常思考：怎样把记忆对象变得有趣，如何增添记忆的乐趣？

关于这3条方法的介绍到此为止。正是在此基础上探索记忆法并且勤学苦练，笔者得以成为日本最强大脑。

可以肯定，这些提升记忆力的方法对学习也大有帮助。

“集中精力、乐在其中、多加复习。”

只要坚守这项原则，相信人人都能增强记忆力。

4.欺骗大脑、提升记忆的3条方法

学习的原则在于“集中精力、乐在其中、多加复习”。

（1）全情投入，让大脑沉醉其中。

把全部注意力集中到学习上来，能让大脑进入轻松记忆的状态。

（2）增加“次数”，给大脑留下印象。

对于灌输多次的信息，大脑能轻松得出这是需要铭记的内容的判断。

（3）注入“感情”，使大脑乐在其中。

增强学习的趣味性，大脑自然会对学习予以重视。

立足大脑的特质，巧妙采取这3条方法，能够有效提升记忆力！

“大喜利能力”改变记忆量

作为日本一档著名搞笑节目，“大喜利”想必无人不知吧？

在这档节目中，嘉宾们在舞台上一字排开而坐，根据主持人的提问，他们或是令人捧腹地作答，或是发表自己的真知灼见。

节目中，嘉宾们面对刁难的问题迅速做出回应，虽说他们身经百战，但也不得不令人心悦诚服。

“大喜利”乍看和日常生活毫无关联，其实可为我们的学习增添一臂之力。

嘉宾们在“大喜利”中揭示答案的思路颇为巧妙，可作为我们记住学习内容的有效借鉴。

学习离不开背诵，在我们背诵的内容中不少需要弄清来龙去脉之后方可熟记。

比如，相信很多读者都对学生时代默写江户幕府历代德川将军的姓名感到头疼。

梳理、理解信息之后再铭记，这是学习的基本要求之一。只要冠以学习之名，无论是否应付考试，我们都绕不开这点。

如此一来，知识不能满足于大概记得的程度，而是应该面面俱到、烂熟于胸，这样的要求着实不低。

唯一可以依赖的便是自己的头脑。无论巧记还是牢记，我们都要借助大脑的特质，发挥大脑的潜能。

不知读者们是否听说过“视觉欺骗”？

例如：那幅知名的人像画，转换观察角度之后，第一印象的少女也会变成老婆婆。

由于这幅画的精心设计和巧妙掩盖，观众起初难免会被误导。但是，只要我们努力挖掘，真相自会浮出水面。

那一刻，人们会生出“我懂了！我找到了！”的顿悟。如果是在漫画中，这时漫画人物头上恐怕该出现闪电或惊叹号了，相信读者朋友也有过这样的体验。

对大脑来说，这种恍然大悟的感觉正是“记忆的开关”。

人们面对纷繁复杂的事物，一旦找出其中的关联，就会欢欣鼓舞，并且不由自主地牢记，这正是大脑的特质。

举例来说，电话号码只是单纯的数字排列，可能不太好记。但是，倘若采用谐音法编成顺口溜后便可轻松记住。

学习同样可以通过“我懂了！我找到了！”这种恍然大悟的方式来增强记忆力。在日常学习中，我们可以有意识地进行运用。

大喜利有一个环节叫“联想猜谜”，即利用同音不同字或者脑筋急转弯的方式找出两个事物的关联。

例如：

提问：“鲣鱼干和马拉松有什么共同点？”

回答：“Kansou（在日语中‘干燥’和‘跑完’同音）。”

寻找答案的技巧对于提升记忆力同样适用。上条的例子是通过比较“鲣鱼干”和“马拉松”找出同音异义词，换言之就是找出二者的“共同点”或“规律性”。学习也是同理，**我们需要树立这样的意识：不同的知识点之间是否存在共同点或规律性呢？**

例如：“是否存在相同的文字表述”“每句话的第一个字能否连成一句话”。总之，我们需要花点心思、积极探索。

接下来我们做个小测验，下列城市的共同点是什么呢？

“金泽市，黑矶市，筑紫野市，樱井市，青梅市，赤穗市。”

笔者在此先卖个关子，答案稍后公布。

“大喜利能力”也可称为“共性识别能力”。对于记忆和学习来说，挖掘隐藏共性的能力至关重要。

在日常学习中是否有意识地借助“大喜利能力”，这直接决定了记忆量的多少，而且差别显著。

最后公布上文的测试答案：“每个城市名都有一个表示颜色的字。”

促使大脑方便记忆的 2 条法则

（1）找出共同点。

·是否存在相同的文字表述？

·是否具有相似的部分？

·可否找出与之名称不同但是结构、功能相同的事物？

……

（2）发现规律性。

· 每句话的第一个字能否连成一句话？

· 表述截然相反？

· 每句话第一个字的英文字母可以组成一个单词？

……

对记忆和学习来说，挖掘隐藏共性的能力至关重要。

信手涂鸦可以增强记忆？

倘若有人追问，记忆法到底是什么？面对这样的疑问，笔者的回答是："借助形象（By image）记忆的技巧。"

笔者曾经在短时间内记住100多个单词、几百个数字，多亏了通过形象来辅助记忆。

对于学习优秀的人来说，即便他们没有学过记忆法，恐怕也会下意识地以形象辅助学习。

那么，为什么需要借助形象呢?

这其实是基于大脑的特性。**大脑对文字和数字等信息并不敏感，相比之下，形象就好记得多。想象与形象，二者堪称绝配。**

假设先向人们出示关于某个形象的幻灯片，接着再给大家看第二张。与第一张相比，大局没有改变，只是细节稍作改动。实验证明，大部分人可以察觉到两张幻灯片的不同。

头脑对形象的敏感由此可见一斑。

相信很多读者朋友在学生时代都有在教材和笔记上信

手涂鸦的经历吧。

以笔者为例，每当在日本史和世界史的课本中看到历史人物的照片时，就会不由自主地为他们画上胡子。

人们通常认为乱涂乱画是注意力不够集中的表现，但从大脑的结构和功能来看，**信手涂鸦可以显著增强记忆力**。

究其原因，涂鸦就是画图，而根据前文的介绍，大脑对形象十分敏感。

不过，与学习内容毫不相干的涂鸦则另当别论。这类涂鸦的实质为乱涂乱画，毫无意义可言。涂鸦必须位于文字或笔记中值得牢记的重要位置。

涂鸦不必在意绘画技巧，可能的话，建议给涂鸦打上色彩，更有助于加深大脑印象。

对于需要记忆大量内容的考试来说，形象和色彩大有用武之地。涂鸦起着引子的作用，有助于勾起回忆。

事先明确涂鸦规则，实际操作时便可节省要画什么或写什么的思考时间。

不必纠结于形式，只要简单发挥想象、信手拈来即可。

如果想表达的内容可以图像的形式反映出来，那就原原本本地画下来吧。我们可以用这个方法来消化学习中常会遇到的固定名词和专业术语。此时，不妨根据文字展开联想，继而改变形象的表现形式。

以欧洲的“地中海气候”为例，笔者总会下意识地从“地中海”想到“意大利”，于是照着该国的形状画上一只长靴。

不过，有些名词单从字面来看还是不解其意。

例如：根据看不懂的英语或其他外语音译的术语，单从文字看不出代表什么意思，这种情况需要我们另想办法。

古生代有一段时期被称为“寒武纪（Cambrian）”，笔者对此毫无概念，只好按照谐音法从单词中找出具有对应含义的词语。在日语中，“Cam”与“罐头”发音相近，“bri”与“小鱼块”同音，所以，“Cambrian”就被笔者解读成“贴上小鱼块标签的罐头”。

也许，在他人看来，长靴与气候无关，装小鱼块的罐头更是和原文相去甚远。然而，笔者对此不以为意。

毕竟，**这个方法的主要目的是给记忆贴上标签**。

对记忆来说，记住的能力固然重要，与之相应的“回忆能力”也不可或缺。

遗憾的是，世人大多数往往对记住的环节过度关注，对回忆的环节却漠不关心。结果，在他们脑海中确实记下了不少信息，但每每关键时刻他们就是想不起来。

为了便于迅速找出重要信息，我们习惯于贴“便签”。

记忆也是同理，形象就是“便签”。为了在记忆的脑海中找出必要的信息，我们要做好标记。

“为什么这样画？”只要记住这点原因，看到涂鸦时便可回想起对应的文字。

以回忆的方式讲故事和记忆

对于我们的亲身经历和体验，大脑可以“回忆”的方式长久铭记。

然而，在学习中我们难免会遇到无法亲身体验又不得不牢记的知识点，例如：“世界第一长河是尼罗河”“1789年法国大革命爆发”。

虽然多读几遍也可达到死记硬背的效果，但从提升学习效率的角度来说，这里还是需要借助大脑。

为了高效使用头脑，我们可以把学习的内容转化为事例，以讲故事的方式加以记忆。换言之，把记忆要点编排成故事，以放电影的方式在脑海中一一展开。

假设我们被要求速记下列名词：火山、鲸、月亮、香蕉、金字塔、恐龙、蛋、足球、直升飞机、喇叭。

这10个名词毫无共性和规律可言，想要记住他们死记硬背可不容易。所以，我们可以把零散的名词串联成故事，把他们之间强行建立联系。为了故事的连贯，必要的修饰和补充也在所难免。

不过，一旦故事成形、朗朗上口，印象自然深刻，对大脑来说也更为好记。

笔者围绕上文的10个单词构思一则故事，请读者朋友在阅读时试着在脑海中进行想象。

“给鲸的排气孔放上喇叭，吹响之后里面蹦出一个鸡蛋，正好撞上天上的直升飞机，鸡蛋一下子就碎了。飞行员大吃一惊，手中吃了一半的香蕉不由落下。地上的恐龙恰巧踩上香蕉皮，滑倒之时踢飞了一旁的足球。这脚球堪称势大力沉，把金字塔踢坏了一角。金字塔里的火山由此显现，喷射的岩浆把月亮都点燃了。”

只需多读几遍，想必你就能记住这个故事。

我们在回忆单词时可以在头脑中回放故事，只要我们把单词按照登场顺序罗列，便可一网打尽。

笔者已经强调多次，此中的诀窍在于给我们需要记忆的单词之间强行建立联系。

给毫无关联的记忆点强行建立联系，以此打造流畅的故事，这对于记忆学习内容尤为有效。

在上文的例子中，每个单词都各具形象，可以轻易发散思维、展开联想。但是，在我们学习过程中遇到的知识点大多是抽象的，那可怎么办呢?

为此，我们需要做些准备工作——把专有名词转变成形象生动的描述。

接下来，我们按照这样的方法来记忆诺贝尔奖的所有奖项名称吧。

诺贝尔奖主要有6种:“化学奖”“生理学或医学奖”“和平奖”“物理学奖”“文学奖”和“经济学奖”。

如果想要记住这几项诺贝尔奖，试着编排故事来加以记忆。

首先，必须发挥想象，把各奖项名称转变为具体形象。

我们先从“化学奖”入手。一提起“化学”，人们很容易联想到“试管”。如果我们从生理学或医学奖的“医学”切入，以“针筒”替代这个奖项也在情理之中。和平奖标榜和平，“和平鸽”则是最佳象征。物理学奖对应物理，提起物理就绕不开牛顿，而一说牛顿很多人都会想到“苹果”。文学奖的代表自然是“书”，而经济学奖以“纸币”替代也颇为形象。

在我们找出各奖项对应的替代物之后，不妨给“诺贝尔奖”本身也找一个替代吧。作为奖项的创始人，诺贝尔先生本身也是炸药的发明者，所以我们不妨把诺贝尔奖就对应成“炸药”吧。

“炸弹爆炸后把试管和针筒震飞，恰好撞上飞翔的和平鸽。送到嘴边的苹果就此跌落，砸开书本后露出里面的纸币。”

如果想记得牢，把抽象的语言转换为具体的形象至关重要。

把学习内容转换为影像加以记忆

以牢记诺贝尔六大奖项为例……

①把奖项名称转变为具体形象。

“诺贝尔奖” 

“诺贝尔化学奖” 

“诺贝尔生理学或医学奖” 

“诺贝尔和平奖” 

“诺贝尔物理学奖” 

“诺贝尔文学奖” 

“诺贝尔经济学奖” 

②编故事，在大脑中播放影像。

“炸弹爆炸（）后把试管（）和针筒（）震飞，恰好撞上飞翔的和平鸽（）。送到嘴边的苹果（）就此跌落，砸开书本（）后露出里面的纸币（）。”

回忆单词时可以在脑中回放故事，按照登场顺序罗列单词即可。

为什么谐音法是最佳记忆模式

日本很多流传多时的谐音句对提升记忆格外有效。

然而，并非所有的学习内容都可通过谐音法记忆。

谐音转换本身并非易事，如果牵强附会，反而不利于记忆。

“这点要用这个方法去记”“那条要用那个办法来背”……与其执着于方法论，倒不如保持就地取材、随机应变的灵活性更有利于学习。

那么，谐音法可用在哪里呢？在笔者看来，原本毫无意义的表述最适合以谐音法记忆。

接下来，结合几则代表性例子，笔者会详细展开说明。

1. 谐音法——使用数字

数字纯粹只是符号，原本并无含义。

从本质来说，大脑并不擅长记忆毫无含义的事物。

但是，正如本段开篇的例子那样，数字十分适合用谐音法来记。除了年号之外，还有许多数字需要我们牢记，例如：平方根、固定值等。此时，谐音法也就大有用武之地。

数字因为谐音而被赋予了意义，从而转化为方便大脑记忆的信息。

为了以谐音法对数字进行加工，我们首先需要明确数字的念法。

原则上我们要依托于数字的读音，可以适当结合数字形状加以改动。

以数字“0”为例，其形状为圆形，与英文字母“O”相似，所以可以念成“欧”。

再拿数字“2”来说，我们可以选用它的日语训读发音，也可用英文的“Two”代替。

我们在记忆数字“794”时可以用“呜啼”来对应，

在记忆“148”时可以用谐音相同的“医生”来记忆，在记忆“833”时不妨用读音相似的“剪刀”来指代，原理皆是如此。

倘若数字较长，我们可以尝试分段，把数字转化为不同的话语。通常来说，以两个数字一组进行拆解较为方便。

例如：“38”和“90”与日语“撒哈拉沙漠”和“克莱奥帕特拉（埃及艳后）”的前两个字的谐音相同，把数字赋予意义后，记忆起来就会大为省力。

此外，谐音法还可以与上一节提到的讲故事的方法来配合使用。

在我们记忆圆周率时，可以把3.14后10位的“1415926535”用谐音法来编故事。

按照日语发音的相似性，我们试着在脑海中浮现场景：“巨大的石头（14）从飞机（15）上落下，砸中鲸（92）

的肋骨（65）后反弹撞坏了珊瑚礁（35）。”①

2. 谐音法——使用外语

除了数字之外，对国人来说，外语也是一种符号。考虑到在学习外来语的人群中，学习英语的人群最为庞大，笔者在此便以英文举例。

和数字一样，英文单词的字母排序本身毫无意义，死记硬背未免牵强。为了方便记忆，我们需要赋予其含义。

此时，我们依然可以借助谐音法来记忆，具体如何来展开呢?

从日语的特点来说，片假名原本就是作为外语的具象化符号而诞生的。

以“Progress（前进）”为例，日语有对应的和式简

① 在日语中，“石头”与“14”读音相近，“飞机”与“15”读音相近，“鲸”与“92”读音相近，“肋骨”与“65”读音相近。

化英语，但是发音并不完整。

此时，我们可以借助前文的“大喜利能力”，即把一个单词拆分为多个有含义的词组。

“Progress”的“Pro”与“职业（Professional）”的开头相同，“gress”则与日语的“不甘堕落”音近。

于是，围绕“Progress（前进）”的单词结构，我们可以用谐音法把“progress”这个单词拆解为：“为了表现职业（Pro），不可自甘堕落（gress），是为前进。”

与先前的方法一样，此中的诀窍在于：在记忆时不必纠结于谐音有多么匹配，只要简单好记即可。

3. 谐音法的 2 种类型

（1）数字谐音法。

怎样记住“3.1415926535”？

——以 2 个数字为一组，便于组织语言！

“巨大的石头（14）从飞机（15）上落下，砸中鲸（92）的肋骨（65）后反弹撞坏了珊瑚礁（35）。”

（2）外语谐音法。

怎样记住“Progress（前进）”？

——合理拆分单词，找出多个有意义的词组！

“为了表现职业（Pro），不可自甘堕落（gress），是为前进。”

区分数字和外语，关键在于转换成方便记忆的形式。

不必纠结于转换水平的高低也很重要！

毫无意义的词语也可本能地记住

根据此前章节的说明，不难发现，为了方便记忆学习内容，我们需要适当地对信息进行加工，笔者也介绍了一些常用方法。不过，单从记忆法本身来说，也存在不必多费心思且简便实用的技巧。

例如，记忆太阳系的八大行星——“水星”“金星”“地球”“火星”“木星”“土星”“天王星”“海王星”，我们会不自觉地轻诵“水、金、地、火、木、土、天、海”吧？

记忆化学元素周期表也是同样一个道理，我们会优先背诵缩写，让内容朗朗上口：“氢、氦、锂、铍、硼……”

此类排序本身毫无意义。笔者之前也曾强调，大脑并不擅长记忆毫无含义的事物。那么，为什么这类知识点又能被我们铭记于心呢？

如果我们回顾“欺骗大脑、提升记忆的3条方法”，就会发现此处恰恰利用了方法②：“记忆的牢固度等于复习次数”。

复习得越多，记忆越是牢固。一言以蔽之，即便起初我们对一件事印象寥寥，也可通过一遍又一遍的复习加深印象。

本节的记忆法正是充分利用大脑的这个特点。

这个方法也极为简单：将各知识点的首字串联即可。排列而成的句子虽毫无含义，却也并不难记。

笔者先前介绍的记忆法旨在帮助我们加深印象，这个方法的优点在于从开始就强化记忆。然而，本节所介绍的方法并不需要事先准备和精心设计，全靠勤能补拙。各知识点首字串联的句子本身并不长，读来也并不费时费力。

换言之，我们完全可以毫无压力地多读几遍，达到简单记忆的效果。

由于这个办法上手简单，不必要求做到此前强调的加深大脑印象，单纯多多复习即可。从这点来说，这则记忆法的关键在于“**大声朗读多遍**”。

让我们以背诵二战之后的历任美国总统为例，我们需要依次记住的人名为：“杜鲁门”“艾森豪威尔”“肯尼迪”“约翰逊”“尼克松”“福特”“卡特”“里根”“布什（老）”“克林顿”“布什（小）”“奥巴马”“特朗普”。

如果我们以首字排序的话，可以连成下面这样的句子“杜艾肯约尼福卡里布克布奥特”。

这个句子起初难免会让我们有不知所云的感觉。但是，我们多读几遍之后很可能会不自觉地加以停顿。

按照笔者的习惯，我通常会把这个句子切分为“杜艾肯约 / 尼福卡里 / 布克布奥特”。

如果我们对句子进行分节停顿和朗读，我们就能渐渐掌握这个句子的音律，这样一来拗口的话语也变得朗朗上口了。

接下来的工作就是**反复朗读**。久而久之，这个句子我们就能像“水、金、地、火、木、土、天、海”和“氢、氦、锂、铍、硼”那样铭记于心。

这则记忆法极为简单，而且适用范围颇广。无论是背诵欧盟成员国，还是莎士比亚悲剧作品集，它都大有用武之地。不过，需要注意的是，这个方法的关键在于掌握音律，纯靠死记硬背很快就会忘却。

审视家中布局，打造记忆装置

笔者之所以能成为日本最强大脑，离不开几个秘诀，其中之一便是不断改进和磨练记忆法。只要我们掌握方法，再多的事物也可轻松记下。只要我们把内容装进大脑，就再也不会遭遇无法提取的窘境。

追根溯源，记不住的一个重要原因在于我们没有整理信息，只是单纯对内容死记硬背。这么一来我们的大脑中自然一片混沌。

用头脑中的抽屉打比方的话，如果所有信息都被我们放在一个抽屉内，我们的记忆会混乱也在意料之内。所以，在我们记忆时应预先确定对应的抽屉，这样我们日后提取内容才会大为便利。

按照这个设想，我们可以找出**“身边耳熟能详且今后也不会变化”的物品，并与记忆对象关联起来**。

进一步来说，家作为人人最熟悉的场所，我们可以轻松找出许多符合条件的物品。

我们可以审视家中布局，若是自己房间没有可以利用的物品，可以扩展到其他房间。

像是时钟、电脑、桌子、日历、书架、床……这些再熟悉不过的物品都可以成为我们的记忆装置。

为了打造记忆体系，首先我们要给它们一一编号。

此时，我们必须遵循一个重要准则：按照环视家中物品的顺序给物品依次编号，确保物品与我们回忆的顺序一致。

例如：床是 1 号，时钟是 2 号，日历是 3 号，桌子是 4 号，书架是 5 号，花瓶是 6 号……由此一来，家中所有物品都有各自对应的编号。

试着在笔记本上写下 10 个物品。这时，我们不必在意到底可以写些什么，像窗户、木板、垃圾箱、海报等都可以写上去，但请务必按顺序填写。

写完之后，请各位在脑海中逐一回忆自己刚刚写下的内容。

虽然每个物品各自已有编号，但不必刻意去记号码，只要一个不落地在脑海中依次回想即可。

如果脱离笔记本和实物回忆，且能从 1 号到 10 号分毫不差，那我们的准备工作也就完成了，你已拥有了属于自身的记忆装置。

接下来，我们只需把各物品与记忆对象关联即可。学习要点也可以作为记忆对象。

至于如何把学习内容转变成具体形象，我们可以参考前文提到的“涂鸦法”和“谐音法”。

按照这个方法我们可以把具体形象与物品一一对应，以记忆圣德太子、针筒、变形虫、大佛、金字塔、试管这 6 个要点为例，对应的物品可以按照上文笔者列举的 6 个编号。

于是，按照编号顺序，我们试着在脑海中浮现形象。

1 号床上睡着“圣德太子”，2 号时钟插着“针筒”，3 号日历上粘着“变形虫”，4 号桌上摆着“大佛”，5 号书架上放着介绍金字塔的书，6 号花瓶里插着试管。

经过多次模拟，直到脑海中各物品对应的形象可以清晰无误地被我们记下来，我们的记忆也就固定下来。

之后，我们只需依次回忆物品，物品对应的形象及知识点也就脱口而出。

首先我们可以从自己的房间入手，然后再扩展到客厅、厨房等家中其他场所。不过，那些没有固定放置位置的物品还请不要纳入记忆目标。

而且，在我们掌握了扩展记忆的方法之后，我们应用的场所也就不限于家中了。从家庭到学校或到公司的沿途所见，例如：频繁造访的设施等均可作为帮我们保管记忆的场所。

请试着逐步为我们的记忆装置扩容吧。

审视家中布局，打造记忆装置图例

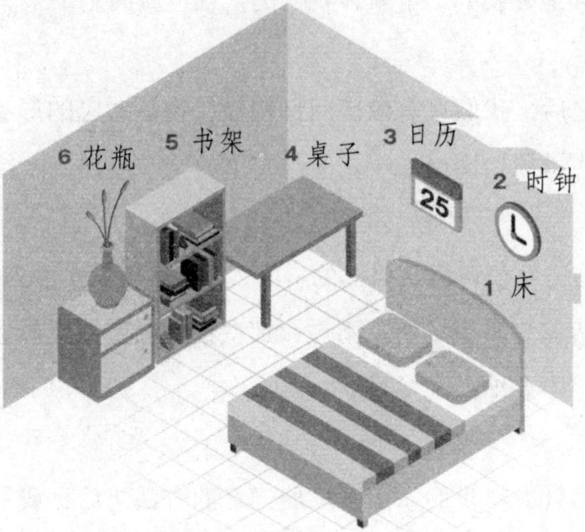

1 号床上睡着“圣德太子”

2 号时钟插着“针筒”

3 号日历粘着“变形虫”

4 号桌上摆着“大佛”

5 号书架上放着介绍“金字塔”的书

6 号花瓶里插着“试管”

为了整理并牢记信息，巧妙设置保管记忆的场所。

组合3种感官，借此强化记忆

在人脑接收的外部信息中有八成是通过视觉记忆的，因此我们的学习也应倚重视觉。但是，我们的视觉若能与其他感官结合，记忆量便可大幅提升。

从记忆的功能特点来说，我们借助的感官越多，记忆起来也会更方便、更牢固。

笔者也曾多次组合多种感官、灵活记忆。

在记忆大赛中，有一项环节名为“相貌与名字”，就是记下人脸及其对应的姓名。

为了加深记忆时的印象，笔者目不转睛地打量各人的相貌，并在心中复述对应的姓名，用手指逐字点过去。通过视觉、听觉、触觉这三种感官的组合，切身感受到我的记忆得到强化。

为了提升学习记忆，笔者接下来重点讲解如何巧妙借助各类感官。

1. 听觉——边听边记

人们不可能把目中所见全部记下来。毕竟，我们不是照相机，并不擅长把画面全部记住（当然，不可否认，像拍照一般能记住目中所见的奇人确实存在）。

声音也是同理，想把听到的内容百分之百记住谈何容易。但是，相比之下，**声音能比形象留在记忆中的时间更久**。

为了方便读者理解，假设有这么一个课题：“只给 5 秒钟时间，如何不做笔记就能把看到的电话号码记下来？”

一般来说，大部分人会念念有词，靠声音而不是单纯靠眼睛来记住。

既然声音更能有助于记忆，我们在学习时也应学会利用耳朵。

提到以声音辅助记忆的学习法，首先我们可以想到的便是“多读多记”。无论是小学算术的九九乘法表，还是语文课的诗词歌赋，强调的都是这个方法。只不过，这则方法更适合一个人悄悄苦练，如果置身于大庭广众之下，恐怕多少有些难为情。

在此，笔者推荐一个方法——**“戴上耳塞”**。

我们可以双手捂住耳朵模拟一 下，就能知道，戴上耳塞并不意味着一点声音都听不见，但是感觉却有所不同。

此时，我们不再纯粹凭耳朵聆听，声音随着脸颊的振动传来，更有助于我们的大脑集中注意力，提升记忆力。

耳塞种类繁多，如海绵、树脂等。请大家多方尝试，选出适合自身的一款。

2. 嗅觉——大脑对香味毫无抵抗力

想必读者朋友都有这样的体验：在闻到某种香味后，往昔的某个记忆也被唤醒。

或是因为某种花香而想起故居庭院的阳台，或是街上似曾相识的香水味勾起对她的思念而怅然张望……

香味与记忆密切相关，原因在于大脑是综合管理气味、情感和记忆的器官。

在学习时合理借助香味可以帮我们增强记忆。某种香味本身确有提升记忆力的效果。

诺森比亚大学（Northumbria University）最近做了一则实验，研究员分别对两组实验对象展开记忆测试，唯一的区别在于其中一组实验对象是在闻过迷迭香（Rosemary）之后再测。结果，闻香组的测试结果要比另一组高出六七成，由此证明迷迭香可以明显增强记忆。

迷迭香价格实惠，笔者也多有使用。平时笔者把迷迭香置于桌上的空气净化器内，营造清香弥漫的氛围。在笔者参加大赛时，则会选择在纸巾上滴上几点，在正式比赛前抽空闻一闻香气。

迷迭香具有增强记忆力的效果不假，而且本身清香四溢，闻之也令人神清气爽、焕然一新。

3. 触觉——用手去记

打过算盘的读者一定听说过“珠心算”，即在脑海中模拟算盘继而计算。

想要实现这一点离不开一定程度的勤学苦练，毕竟，在大脑中浮现算盘并非易事。从某种程度来说，这也是一种记忆法。

倘若我们留心观察进行珠心算演算的孩子们，不难发现他们有一个共同点：他们在脑海中模拟打算盘，同时，手指也做着拨算盘的动作。

珠心算的高手手指不动也可展开模拟演算，但对于初学者来说，用手指做出拨算盘动作的人占大多数。这是因为通过实际动作和触觉有助于加深脑海中打算盘的印象。

身体的动作实为辅助记忆，有助于加深印象、增强记忆。

通过触觉辅助记忆的方法对于记住“汉字”和“英文单词”尤为有效。相信读者们小时候都有在练习本上抄写的习惯，不过笔者在此推荐的方法效果更佳——**“空写”**。

顾名思义，空写就是对着空气比画。这种方法之所以效果更佳，是因为写下的字完全看不到。

因为“空写”看不到字，那就和珠心算的默算明显有别。“空写”的人手上什么都没写，其实全部写在心中。换言之，进行“空写”的过程也是确认自身是否牢记的过程。

此外，以“空写”辅助记忆的优点在于我们可以通过动作唤醒记忆。

即便有些记忆可能我们已经模糊，但倘若比画起来就会发现我们的手会不由自主地舞动，这是因为空写时的动作已经刻在我们脑海中。

因此，在我们记忆文字时，请务必尝试借助触觉，养成“空写”的习惯。

大脑高速运转的2个时段

本书的主旨在于引导读者朋友开动大脑、提升学习效果。

不过，尽管人人都有聪明的头脑，但大家的实际表现却并不稳定。这是因为大脑在一天中的运转状态时刻都在发生变化。

所以，倘若我们记忆时恰逢我们的记忆高峰，那我们的学习成果自然颇为高效。那么，在一天当中什么时候人们的大脑可以高效运转呢？

人终究也是动物的一种，那么我们是不是可以结合动物本能分析大脑一天状态的起伏。

基于这个假设前提，生存的第一原则就是进食。那么，在狩猎等觅食阶段，大脑自然保持最佳运转状态。

作为生存本能之一，大脑的这个特点时至今日依然留存。所以，空腹时段便是大脑高速运转的时期。

提起空腹，我们首先可以联想到的就是早晨。根据日本总务省关于社会生活基本调查的结果，日本人的平均空腹时间始于早晨 6 点半。因此，一般情况下**晨起至上午 10 点是一天中第一个大脑高速运转的时段。**

尤其是晨起后的 2 小时内，我们的注意力格外集中。

这段时期我们的思维最为活跃，正是学习的大好时机。

但是，考虑到这个时候我们刚从睡梦中醒来，此时并不适合我们记忆。

所以，刚起床的时段更适合“复习”。

过了上午的这个时段，大脑的运转效率逐步下降，这个状态会一直持续到下午 4 时左右。

然后，从下午 4 时至晚饭之前，我们的大脑重新振作，记忆力也得以回复。

因此，回到家后至晚饭前的时段也是高效学习的良机。

晚饭之后，我们的肚子不再空空如也，大脑也从生存本能的危机感中得到解放，慢慢步入休眠模式。

由此可见，若是我们的学习时段穿插了饮食时段，为了避免大脑功能的下降，我们需要合理控制进食时间。

假如已是吃饱喝足的状态，我们的大脑肯定无法高效运转了，这时候与其立马着手学习，不如休整 1 小时后再开始效果更佳。

我们的生活并非一帆风顺，赶不上状态正佳的时候也是常有之事。另一方面，即便我们赶上大脑运转的高峰期，倘若此时我们已精疲力尽，能力也无法得到正常发挥。

在这种情况下，如何保持大脑清醒、提升自我表现呢？笔者的建议是“**小睡**”。

康奈尔大学的社会心理学家詹姆斯·马尔斯（James Mars）教授十分推崇小睡，称之为“充电”。

据詹姆斯·马尔斯所说，坚持15～30分钟小睡的人，其大脑机能要比不睡的人高出34%。

在我们感到精疲力竭之时，与其悬梁刺股、苦苦支撑，倒不如小睡15～30分钟再学更有助于我们保持头脑清醒，学习效率也更高。

不过，在这一点上，我们需要特别注意的是要避免睡过头。

笔者一再强调，最佳充电时间是 15 ~ 30 分钟。超过这个时间反而会加重身体的疲劳感。

为此，在小睡之前不妨先喝一杯咖啡等含咖啡因的饮料吧。

咖啡因具有唤醒功能。而且，仿佛是为了专门配合充电而生，咖啡因通常也在摄入 30 分钟后才产生效果。咖啡因的唤醒时间恰到好处，可以有效防止睡过头，这真是再合适不过的闹钟了。

大脑高速运转的 2 个时段图例

（1）晨起至上午 10 点前。

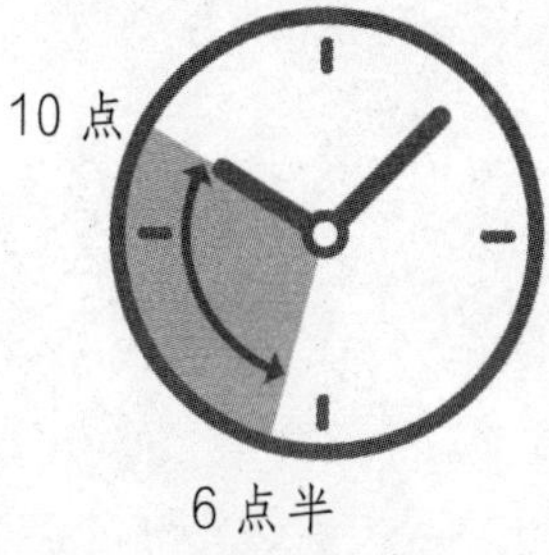

晨起后马上投入学习效果显著。

（2）傍晚 4 时至晚饭前。

从动物本能出发，大脑一天中高速运转的时段为早饭前和晚饭前的空腹时间。

第二章

开动大脑、实现速记的“三画圈反复速记法”

加深记忆需要反复练习

你可曾想过，有没有能够一次就帮你记住学习内容的方法呢?

在漫画《哆啦A梦》中，作者虚构了一个“记忆面包”，只要吃下这个面包，就能记住全部学习内容。由此看来，一次就记住学习内容可以说是大家的共同心愿。

这里存在一个问题——记忆持续多长时间?假设强记的内容5分钟后就忘得一干二净，那也谈不上“一次记住”吧?

学习上所说的“记忆”并不是记住一天或者一周，而是在相当长的一段时间内都能记得。至少，以考试为目的的死记硬背并不是真正的“记忆”。

并且，大脑为了防止自身超负荷运转，自带回避记忆的功能。所有的记忆都逃不了最终被遗忘的宿命，而且遗忘速度之快超乎想象！

德国心理学家艾宾浩斯（Ebbinghaus）曾对人类的记忆展开了深入的研究，并且提出了著名的“遗忘曲线理论”。如今，只要涉及对记忆的论证，必定少不了这个曲线模型。

从艾宾浩斯遗忘曲线我们可以直观获知，记忆在最初阶段呈大幅滑落的趋势。伴随时间的推移，20分钟后忘却42%的内容，1小时后忘记约56%的内容，到了次日我们已经差不多忘了74%的内容。

虽然记住与遗忘的具体比例因人而异，但这足以反映人们遗忘的共同趋势。

世间哀叹记性不佳者不乏其人，殊不知基于大脑的特性，忘本就是理所当然之事。

艾宾浩斯的遗忘曲线

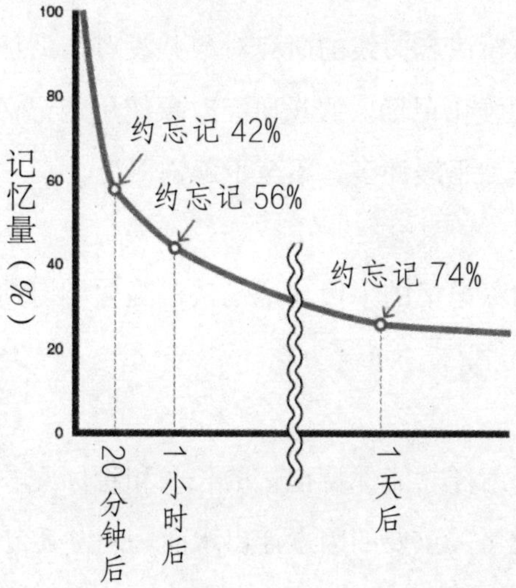

在日常学习中，1 小时后就会忘却半数以上内容！

记性不佳并非缺陷，遗忘本就是人类的天性。

既然如此，那么记忆法具有怎样的功效呢？借助记忆法就能全部记下、再也忘不了了吗？

此前介绍的记忆法是把记忆对象加工成方便大脑记忆的形象。加深大脑印象确实可以加固记忆，然而，指望一次就能永远记住并不现实。

艾宾浩斯遗忘曲线的研究对象并没有借助任何记忆法来帮助他们强化记忆。假设研究对象使用了记忆法，这条遗忘曲线应当平缓许多，不至于急剧下滑。

作为加深记忆的手段，记忆法对强化学习的效果格外有效。

那么，怎样才能保持记忆的长久和稳固呢？某项对学习效果来说至关重要的因素浮出水面——“**复习**”。

笔者在第一章中也已强调“**记忆的牢固度与复习次数成正比**”。

随着复习次数不断增加，艾宾浩斯遗忘曲线的斜度也会趋于平缓，最终成为水平直线，也就是说，此时记忆已深深刻入脑海中。

无论记忆法多么巧妙，指望一遍就能长久记住未免太过牵强，唯有多加复习才是真理。

关于复习实在有太多值得研讨之处。

例如：在复习时我们应该多写还是多读？复习的最佳时机是什么时候？复习要进行几遍才合适？……

本书介绍的复习方法堪称高效、实用，我们相信对读者们来说也是前所未见。

作为本章的重中之重，三个复习方法不仅可以增强记忆力，还能帮助我们集中注意力。

从头到尾的复习毫无效率

怎样的复习方法可以帮助我们有效提升学习效果？相信这是人人都关心的课题。

对于框定范围的学习来说，我们需要坚持一条原则：**把速度奉为第一，理解程度位居其次，力争迅速把全部范围学完，并且多遍温习。**

假设当前你的学习效率是“龟兔赛跑”中的“龟”，即追求稳扎稳打的类型，那此时你就要迅速转换为“兔”的模式，即以速度为先。

按照这个模式，你或许会担心学得不够精细、是否真的能记牢，但若以最终的记忆牢固程度作为评判尺度，这个方法确实效率最高。

学习所强调的记忆牢固程度与刷墙类似。刷墙只刷一遍肯定不行，存在不少漏刷之处也属正常。唯有一遍又一遍地涂刷，把墙壁越刷越厚，这才算是大功告成。

记忆也是同理。

假设有两名需要背诵 100 个英语新单词的学生，分别以 A 和 B 表示。

学生A在一天之内花了4小时记住100个单词。学生B每天学1小时，但是坚持了4天。从学习时间来看，两人总用时都是4小时。

即使两人第4天的记忆测试结果也相同，但随着时间的推移，学生B的记忆量也会明显多于学生A。

这样的结果是由大脑的特点决定的。**相比于集中时间一次性强记达成的效果，采用分段多次记忆的方法记住的内容更不容易被忘记，即记忆的稳固程度更高。**

但要注意的是，这种办法所能得出效果的前提条件是“学习范围的广度”，即“学习的体量”。

假如是学校的定期考试，这当然不在话下。但若是像入学考试、资格考试这类考点甚广的测试，学习量也极为庞大。

倘若此时依然坚持分段、多次的记忆法，结果会是怎样？

我们记忆的牢固度随着复习次数的增多而加深，倘若分段的记忆量不多倒也问题不大。但是，如果复习范围过于宽泛，各段的记忆量难免成为一个问题。

同等学习时间的记忆量存在差别

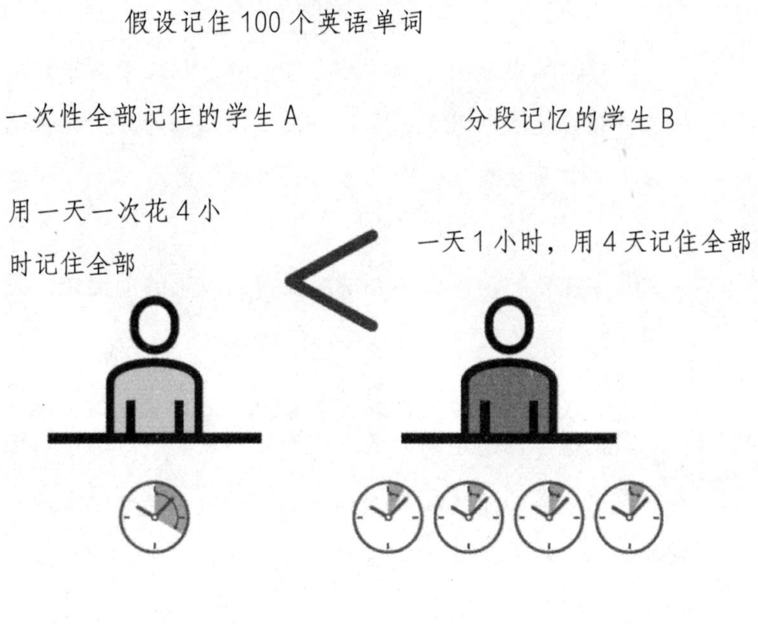

即便 4 天后的记忆测试结果完全相同，随着时间的推移，分 4 天记忆单词的 B 学生也会比 A 学生回想起更多

单词。

我们在前文的遗忘曲线章节已有介绍，记忆在最初阶段会呈急速下滑的趋势。

虽说我们的记忆需要不断“涂刷”方能加深，但是各段的记忆量实在有限，需要大量且多次的重复作业。因此，一旦我们的学习范围变得宽泛，这样的方法反而毫无效率可言。

那么，是否存在更加有效的记忆方法呢？答案可以从笔者参加的记忆力大赛中找寻。

通过记忆力大赛习得的速记法

在笔者参加的记忆力大赛中，有一项比赛环节是 1 小时限时记忆比拼。

这 1 小时对应的记忆量极为庞大，即便平日勤学苦练的选手也无法看一遍就记住。因此，每个选手都需要在限定时间内复习记忆内容。

此中的胜负之分在于如何实现高效复习。

笔者最初尝试的就是上文介绍的一遍遍加深记忆的复习法，然而问题很快浮现：本想通过一次次的涂刷把墙刷完，结果发现墙面比预想的宽阔许多。

墙面一旦宽阔，涂一遍颜色自然也不明显，漏涂之处比比皆是。也就是说，此时记忆过于单薄，更谈不上是牢记了。

为了消除记忆空白，我们不妨缩小涂刷范围，这样很快便可把墙涂满。步步为营、稳扎稳打的成就感也有助于激发我们的干劲。

把大的范围划分为几个区间，然后逐个击破，并对各区间分别复习。

所谓复习，就是在我们的记忆有所淡忘之时重新温习，这样一来记忆也比初次学习时印象更深。

如果你对记忆点已经烂熟于胸，在复习时无需用脑，实际就没有达到强化记忆的效果。

对这个问题的改良方法在于：复习时，我们不必局限于在某个区间内反复苦练，而是可以在学习下个区间导致对本区间有所淡忘时再回头复习。

有首歌唱的是“进三步退两步”，那么，在复习过程中我们倡导的则是“进两步退一步”。

这个方法把各区间的学习分为三步，既可防止我们的记忆减退，又能推进我们进行深入学习。

即便是两个区间快速学习，各区间也能迅速复习一遍。这样的安心感有助于帮助我们保持连贯的学习节奏，也能极大地帮我们增强学习的信心和乐趣。

这个速记法适用于常见的、全局性的知识点学习。

记忆量的可视化效果

✕ 只涂 1 遍颜色太淡，到处都是空白。

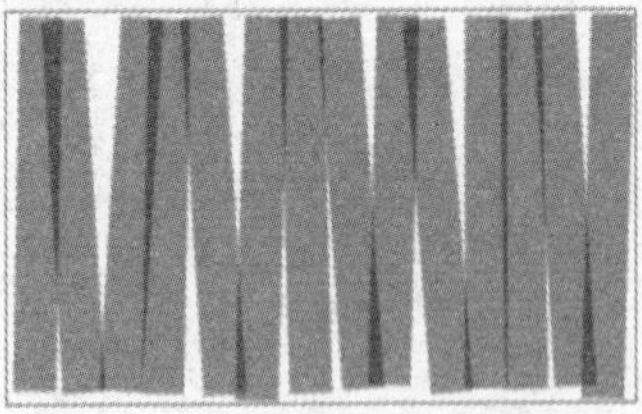

○ 范围缩小，所以能够简单、快速涂满。

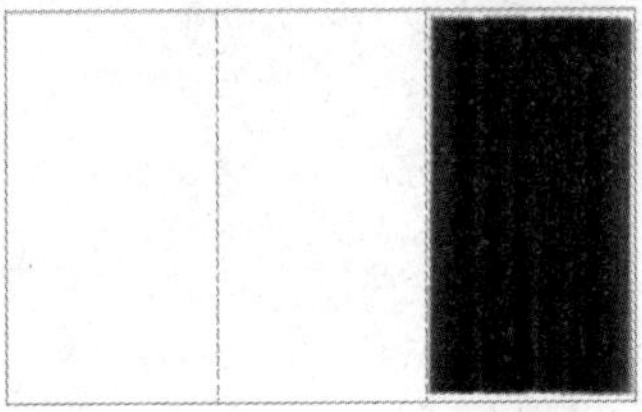

把大范围划分为几个区间，一边复习，一边推进至下一个区间。

提高学习效率的“三画圈反复速记法”

在讲解“三画圈反复速记法”之前，笔者首先强调该学习法的成功要诀，这也是本书一贯宣扬的主题——“开动大脑”。

“开动大脑”，换言之就是“相信自身大脑的能力”。

学习离不开毅力，但是学习本身与毅力并无关联。指望加油鼓劲就能解开数学题或者理解文字题，这无异于痴人说梦。

学习需要抵御各种诱惑，并且养成日复一日的习惯，这些都离不开毅力。

学习需要有想要记住知识点的决心，有了它便可养成自主学习的好习惯。

最近，业界关于脑科学的研究取得长足的进步。大脑的机能逐渐为世人所知，越来越多的人深切地体会到大脑的精巧。

复习加深印象的做法合乎人们大脑的记忆特性，我们只要勤加复习即可。

此外，在夜间睡眠时，人的大脑会自动整理日间接收的信息，来帮我们强化记忆。这属于大脑的自发行为，无需我们额外再下决心。

人的大脑基于新鲜刺激而持续进化。伴随我们学习的不断深入，我们的大脑不断得到开发，人也变得越来越聪明。这是因为在潜移默化之中，我们的大脑悄然根据目标调整了自身状态。

学习主要依靠独立自主，因此我们要最大限度地开动大脑，让大脑来帮助我们学习。如此一来，我们的大脑会更好地帮我们解决学习中的难点，化被动为主动，这才是求学应有的姿态。

人人都有一个优秀的大脑，请务必给予我们的大脑足够的信任，通过三画圈反复速记法充分发挥它的功能。

1. 不受限于范围，集中注意力

这则学习法适用于多种教材。原则上，笔者默认对应的是课本、辅导书、习题集、英语单词手册之类的书籍和教材。

首先我们要把学习的范围切割为区间，此时，我们不必在意目录所分的章节或单元。毕竟，该学习法以速度为第一要务，而节奏感对保持速度至关重要。

保持节奏，意味着划分区时各区间的学习量也要统一。目录是根据内容划分，长短有别且页数不一，保持稳定的节奏并非易事。

为达到稳定的节奏，我们只要单纯按照页码来切割内容即可。

那么，最小范围设为几页才合适呢？

以运动类比的话，这则学习法强调的是反复冲刺、持续推进。如果区间设置不合理，我们在中途就不得不停下来休整，换言之即无法保持注意力的集中。

为了避免此类情况的发生，**在起步阶段我们不妨就把范围设为 1 页**。之所以强调“起步阶段”，是因为在我们熟练掌握方法之后，可以结合自身情况灵活调整范围。

以 1 页作为最小范围，反复学习 3 遍，然后推进至下一个范围。作为复习法的核心，我们具体从第 1 页开始说明。

首先在我们把第 1 页的内容学完之后，把页码圈起来，表示本页内容已学了一遍。

然后，我们要**复习第 1 页的内容并再次给页码画圈**。由此一来，第 1 页的页码被圈了两次，之后我们就可以进入下一页的学习。

在我们学完第 2 页后照例给页码画圈。此时，这一个圈也是提醒你复习前一页的标志。

总之，起始页连学两遍、画上两圈，然后学习下一页、画上一圈，再回到前一页的学习。按照这个顺序排列页码，即①→①→②→①→②→③→②→③→④→③……由此，既能持续推进学习，又能使每页学习3遍。

三画圈反复速记法：学习的顺序

把每1页作为独立的学习范围，复行的推进顺序如下。

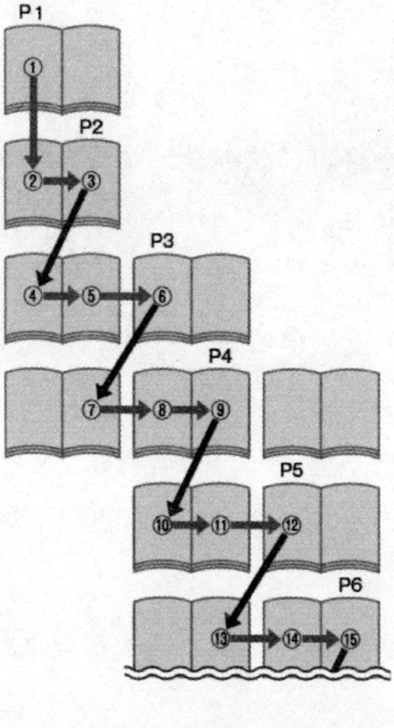

起始页连学 2 遍，然后学习下一页，坚持“进 2 退 1”的要领。

2. 将“阅读”贯彻到底，保持快速学习

上一条介绍的学习法确实有些离经叛道，其目的在于笔者多次强调的“保持记忆”。

对大脑来说，复习就是经过一段时间之后的温故而知新。

大脑本身也会有“这部分记忆较为薄弱”的印象，也会自发地加强记忆。

此外，采用这则学习法还有另外一点原因。

该学习法把“速度”奉为第一要义。否则，随着复习次数增多，学习会变得费时费力，难以为继。

短时间内学完全部内容，而且各知识点学习 3 遍，这

是该学习法的优点。

如果心中不安，快速学习并非易事。不过，这则学习法强调快速推进，本身可以有效缓解不安。毕竟，我们马上可以回头复习前一页的内容。并且，短时间内复习两遍也有助于静下心来并且坚定不移地加快学习速度。

为了保持快速学习，还有一点值得重视——在我们面对教材尤其是习题集时，不必一边解题一边推进学习。因为，思考问题颇费时间，书写答案也会降低学习速度。

这个问题解决的对策在于将“阅读”贯彻到底。

在我们面对习题集等教材时，要同时备好参考答案，当我们读完题目后马上查看答案。如此一来，即便是面对数学等科目，学习速度也不会放缓。

贯彻这则学习法还可以帮我们提升自身的学习能力。以往人们大多因为理解内容的潜意识限制了学习速度，这则学习法有助于我们打破精神枷锁，并且培养快速阅读的能力。

随着阅读速度加快，我们的大脑也会做出相应调整。

3. 难点暂且搁置

虽然笔者此前多次强调在复习中我们要以速度为第一要务，但在实际学习的过程中难免会遇到减缓速度的部分，例如：难以理解或是难记的知识点。

笔者再次重申：无论在复习中我们遇到多少绊脚石，绝不可就此停滞。

如果我们止步不前，冥思苦想的结果可能是你花了 1 小时才解决了这个绊脚石。然而，许多难题并不值得纠结，因为早晚会有解开的一天。

如果你还有充足的时间复习，与其耗费心力与难题死磕，倒不如把这 1 小时用于学习其他要点， 这样反而效率更高。

倘若遇上不能迅速解开的难题，不妨先记在脑中，也可以保证你的思维的活跃度不受影响。我们不妨把一切交给大脑，让大脑发动起来即可。

想必读者们都有这样的经历：有时虽然我们心有不甘，但在我们绞尽脑汁之后依然解不开某个难题……

此时，我们不如将难题暂且搁置。经过一段时间后，我们的脑海中可能会突然灵光一现，答案自然浮出水面。

这自然也是大脑的功劳。倘若大脑只是原封不动地保存记忆对象，那终究和录音机没什么两样。

人类大脑的特别之处在于大脑会自动将我们记忆的对象，投入使用。对于注入的信息，大脑会在不知不觉中重新整理思路。

4. 进一步加快速度，提升大脑运转水平

鉴于我们复习的学科种类、难易程度以及每个人学

习的速度存在差别，所以每个人每天的学习进度并不相同。

如果在复习中，能让我们的学习进度以同速率进行，那么无论我们从哪个环节开始学习，都不会对学习的进度造成影响。

采用三画圈法循环往复，既可帮我们保证学习速度，又能让我们尽快完成一遍学习。

在我们把需要学习的内容都学完一遍之后，我们对各科目的知识点也有了大致的把握。以盖房子打比方的话，此时相当于我们已经完成了整个房子的框架搭建，最主要的工作我们已经完成了。但是盖房子同样离不开屋顶，以及墙壁等周边设施的建设。因此，为了提高我们学习的完成度，我们还要进一步加工这项学习法。

在我们的复习当中，肯定会有漏记的地方，不容易理解的地方以及记得不够牢固的地方。为了进一步在复习中查漏补缺，强化记忆，提升我们的临场发挥，我们需要深化复习。

在第二轮学习中，可以采取区别于第一轮的学习方法，只要从头到尾依次推进即可。不过，在学习中保持学习速度依然至关重要。此时，介于我们已经在第一轮学习中搭建完本次的学习框架，第二轮学习要比第一轮轻松许多。所以，在这轮学习中，请大家务必用比第一轮更快的速度来学习。

在我们完成这两轮学习之后，我们可以通过查漏补缺的方式展开第三轮学习，经过这三轮学习后，这次学习可以说是大功告成了。

也就是说，在第一轮学习中，我们先采取“三画圈反复速记法”来搭建学习框架，再以第二轮和第三轮学习作为补充，这种方法能大幅度提升我们的学习速率。

三画圈反复速记法：归纳

（1）划分区间，学习三遍。

学完 1 页后给页码画圈，按照进两步退一步的方式对同一页内容学习 2 遍。

一个圈是返回上一页学习的标志

两个圈是学习下一页的标志

（2）重视学习速度。

读完题目后马上查看答案。

不必拘泥于解题，若能将阅读贯彻到底，学习速度就不会减慢。

（3）难点暂且搁置。

倘若遇上不能迅速解开的难题，至少先记在脑中。大脑保持运转，之后或能解开。

（4）第二轮从头到尾依次推进。

第二轮从头到尾依次推进。

第一轮搭建框架，第二轮和第三轮查漏补缺，提高学习的完成度。

第三章

开动大脑、归纳语句的“1分钟手写”学习法

形成文字对记忆至关重要

笔者在第二章重点介绍以“阅读”为中心的“三画圈反复速记法”，要点在于帮助读者保持学习速度，开动我们的大脑。

虽然单凭“三画圈反复速记法”足以帮助我们取得立竿见影的成效，但为了进一步开发我们的大脑，提升学习水平，本章将重点介绍一些实用技巧。

不知大家是否有过这样的经历，虽然人们在平时已经把知识点记得滚瓜烂熟，但是到了关键时刻，我们的大脑却一片空白。

当我们在考场上拿到试卷时，可能会发现，大部分内容我们已经复习过很多遍了，甚至能轻易回想起这部分内容出现在教材和参考资料的第几页。

“这下可就胜券在握啦！”然而，当我们解答试卷时，这种欣喜却稍纵即逝，面对这些似曾相识的问题却写不出正确的答案。如果拿生活经历做比的话，这恐怕就像我们明明知道一个艺人却无论如何也叫不出他的名字一样。

起初我们也许会有一些焦躁，这个时候的正确做法是，抱着这个内容之后我们一定能回想起来的心态先跳过这题。

不过，如果到最后我们都想不出问题的答案，恐怕最终只能无奈交卷了。

这个时候最可怕的，恐怕就是当你在考试结束后，听到朋友的解答时的恍然大悟吧。

那么问题来了，为什么我们的潜意识中明明记得答案，但在考场上就是写不出来呢？这其实与知识点在我们大脑中的保存状态有关。

我们的大脑是十分优秀的，只不过大脑偶尔也有失灵的时候。

在我们分门别类地汇总学习内容时，人们的大脑力争俯瞰全局，从整体上把握知识点。相较于关注细枝末节的知识点，大脑明显更注重从整体上把握概念。既然是概念，那显然大脑把握的并非文字，而是一种感觉。

一旦我们的大脑再次邂逅这种“感觉”，便可回想起学习对象的整体概念：“啊？原来是它！”

从学习大量知识点的角度来看，这项能力颇为重要。但就考试而言，这反倒会带来麻烦。因为，无论选择题还是论述题，考卷的答题方式基本以文字为主。

因此，当我们学习时，我们不能把对知识和思路的理解仅仅停留在印象阶段，必须把知识点转换为语言或文字。

单从训练思考能力的角度来说，这样的学习方法毫无问题。但既然我们的学习成果一般都是用考试和测验的得分来衡量，那我们必须把概念用具体的语言或文字表达出来。

所以，**我们需要事先确认我们的学习内容能否用语言的形式输出**，是用口头解释内容，还是提笔用文字记录。

那些明明“好像记得，但是偏偏写不出答案”的情况，正是因为我们没有做好这项输出工作。

此外，相信许多读者都有在教材或参考资料上用颜色标记重点的习惯。这么做的好处是，这种方法确实可以帮我们加深对知识点的记忆，而且我们自己也能获得已经掌握这个知识点的成就感。

但问题是，倘若我们就此满足，很可能会导致我们疏于落笔。所以，为了更好地把握知识点，我们需要进一步确认这部分内容我们能否以语言或文字表述出来。只有我们勤于“输出”，才能真的把这部分内容记住。

以往，我们认为是右脑的“印象记忆”影响我们的应试学习，但实际上，负责语言和文字的左脑同样不可忽视。

左右并举，“脑力”全开，才能确保我们的大脑更聪明，更可靠。

以语言输出

× 用颜色标记或画重点。

○ 以语言表达要点。

对知识和思路的理解不能停留在印象阶段，必须转换为语言或文字。

传授他人效果最佳

每个班上都不乏成绩优秀的尖子生，当你在学习中遇到不明白的地方时，你是否会向他们请教呢？在大多数情况下，对方都会为你耐心解答。

越是学习优秀的人越是乐于助人，其中自有原因。

“输出”有利于强化记忆，而向他人传授、说明效果最佳。

我们的大脑并不擅长死记硬背，结合亲身经历或体验来记忆才是大脑的强项。这也是为什么，“回忆”总是能被我们长久记住的原因。

“这是某某解释过的内容”“之前理解有误，多亏某某指正”……通过“传授他人”的输出方式，我们脑海中“知识的记忆”也就转换为“经验的记忆”。

如果我们没有真正理解内容，传授他人并非易事，在传授他人的过程中，我们也能通过对方的反应推断出自己对这个知识点的掌握程度。

除了传授他人之外，另一个重要的输出方式是“自我确认”。

自我确认指的是在正式比试或者在正式比试之前，检测自身的掌握情况 。

本以为牢记的知识点临场却写不出来，那一刻想必你的心情肯定很糟糕？但是，换个角度来看，从长远来说，这种折磨却是确认你当前记忆水平的良机。

也就是说，这次“想不起来”的痛苦经历，将会融入你学习相关的记忆之中，成为更容易被记住的回忆。这段印象深刻的经历，能帮你强化记忆，当你再遇上同样的问题时，一定可以回答出来。

在正式比试前，有多种形式的自我确认方法可供我们采用，比如，复习以往的题目，与朋友互问互答，参加各种机构举办的模拟考试。

总之，我们要抓住一切机会，积极输出并确认我们对知识的掌握情况。

如果我们错失了这些机会，尽管我们有丰富的记忆，但由于我们缺乏临场经验，难免会临时发现很多知识点其实并没有被我们熟练掌握。

为了在考场上发挥自如，我们可以定期通过输出来确认记忆情况。在整理思路、探寻记忆法的过程中，笔者归纳、总结出一套学习方法，能帮我们同时做到“脑中确认”和“强化记忆”的这两点。

“知识的记忆”转换为“经验的记忆”

好像是这样……

传授他人的3种效果

①强化记忆；

②确认自身掌握程度；

③把知识变成回忆。

抓住一切机会，积极输出并确认自身对知识的掌握情况。

新型记忆法的思路整理

为了参加记忆力大赛，笔者才开始训练自己的记忆力，笔者之所以能取得日本区冠军，成为日本最强大脑，其中大有原因。

既然时间紧迫，若想脱颖而出，绝不能和他人做同样的准备。因此，笔者首先要做的是为自己量身打造记忆技巧。

然而，设计新方法并非易事。在经历各种尝试和挫折后，笔者这才摸到门道。

新方法并非无中生有，摸索也不能闭门造车。于是，笔者不断搜集关于大脑和记忆的知识，一边整理，一边输出。所谓输出，就是**把脑中的知识、想法、创意等全部写在纸上**。写在纸上的目的在于，让大脑中的记忆“能被看见”。

相比于从脑海中提取，书面内容更有助于发散思维、激发灵感。

虽说写在纸上，这并不意味着我们要慢悠悠地写，然后坐等灵感浮现。我们必须**设定时限、不停书写**。

在我们养成这个习惯之前，中途搁笔的情况在所难免。但是，我们切不可就此打住，而是应该把那一瞬间的脑中所想如实记录下来：“现在我的头脑一片空白，但是我的思路不能中断。不如想一想某某的事吧……”

强调笔不能停的原因在于：假如时间太过宽裕，大脑容易不自觉地把所要记忆的内容加以美化。也就是说，此刻我们的大脑想的都是一些华而不实的念头。

大脑作为“编辑部”，总是努力促使想法合乎常理。为了避免大脑画蛇添足，我们万不可停下手中的笔。

从输出来说，手随心动、如实记录心中所想的状态最为理想。伴随持续输出，我们脑海中的思路也逐渐明晰。与此同时，是否“理解”的自我确认也在同步展开。而且，随着输出的不断进行，灵光一现的时刻也多了起来。

新的记忆法正是由此而来。

传道授业解惑也是笔者的一项工作。由于笔者一直在关注高效学习法，因此也能迅速察觉某项输出是否有利于高效学习。

想要确认头脑中的信息能否在关键时刻被顺畅地调取出来，离不开有效的方法。通过将头脑中的形象转换为具体的文字，我们可以确认自己是否已经真的记住了这部分内容。这样一来，我们复习中的不足之处也就一目了然，复习效率也能大为提高。

另一方面，从记忆的角度来看，“输出”可以把“学习”和“回忆”融合在一起，记忆效果自然能获得显著提高。

接下来笔者重点介绍两种重视输出的学习法，既能帮你深度挖掘知识，也能帮你构建知识网络体系。

深度挖掘知识的“1分钟手写”学习法

这项学习法简称为“1分钟手写”，首先，我们要预先备好专门用来“写字”的笔记本或者A4纸。

文具只要方便书写即可，倒无特别推荐。不过，相比铅笔和圆珠笔，请优先考虑钢笔。

而且，在实践“1分钟手写”学习法时，我们可与上一章提到的“三画圈反复速记法”联动。确切地说，“三画圈反复速记法”适合在次日展开，尤以早晨为最佳时机。

究其原因，记忆在睡眠中可以自动整理和扎根。在第二天早晨，把经过大脑编辑后焕然一新的记忆写下来，效果无与伦比。

在此提醒读者们注意，**这则学习法的最终目标是让我们的大脑对记忆内容的调动能力达到身体本能反应的程度。**

以棒球为例，一流的投手可以掷出时速200千米的快球。在这电光石火的瞬间，棒球手依然可以打中球，究竟他是怎么做到的呢？

这是因为，在积累丰富的练习和比赛经验之后，棒球手能在瞬间对球速、轨迹和挥棒的角度自动做出判断。

“1分钟手写”追求的正是这样的境界：全凭本能作答，不会有在绞尽脑汁后依然想不出答案的情况出现。

在我们达到这层境界之后，我们对知识点的把握也能运用自如。那么，让我们以顶尖运动员为目标，迈出高效学习的第一步吧。

1. 保持奋笔疾书的状态

“1分钟手写”的本质在于，通过语言或文字来确认自己能否把就前一天“三画圈反复速记法”的复习要点表达出来。

此处的输出方式不是拼写“单词”，而是书写“文章”。

首先，从前一天的学习内容中选出一个关键点，可以是专业术语，也可以是问题。以日本史为例，可以把“飞鸟文化的特色是什么”作为关键点，围绕这个核心要点，相关内容便可组织成文。我们与其绞尽脑汁、搜索枯肠，倒不如把各种奇思妙想串联起来。

归根结底，我们的**目标在于使头脑中所想“能被看见”**。

由于这项整理我们并不以获得他人的理解为目标，所以不必梳理成文，缺乏条理也没有关系。

只要是与关键点相关的内容，我们尽可能地把脑海中所想如实记录下来。既然是想到哪里写到哪里，自然不必纠结于语法和条理。

总之，**保持放松且奋笔不停的状态即可**。

在我们养成这个习惯之前，把脑海中所想以文字记录下来并非易事，脑海中一片空白的情形也不少见。此时，我们只需不停地抄写关键点，想到什么就立刻写下来，并且发散思维、展开联想。

如果你做到这一步依然毫无头绪，不妨就这么写：“没想法。没想法。不过之后肯定能想到什么……”

这个办法的关键在于树立从脑中调取信息的意识。

带着这个意识奋笔疾书，能让我们手随心动，思想和行为保持同步，最终让我们的大脑自主发挥作用。

一旦我们能如条件反射般地自动写出某个知识点，这也意味着这个知识点已经真正被我们牢记并且“运用自如”。

2. 短暂的 1 分钟，必须排除杂念

我们要给手写设置时限，所以在开始前，请准备好计时器。

为了防止我们的大脑自动美化、编辑它收到的信息，我们把每个关键点的手写时间设为 1 分钟比较理想。

起初，无论是谁肯定都会有无从下笔的困惑，但是，

相信你很快便能习以为常。随着经验的不断积累，我们能渐渐掌握诀窍，把脑中所想转化为文字也就不在话下。

把时限设为1分钟的原因在于1分钟能让我们最大限度地集中注意力。

从大脑自身特质来说，限制时间更能引起我们的重视，提升我们的表现。

心理学称这一点为“限时效果”，限时1分钟能让我们的大脑保持危机感，这么做更有助于强化人们的记忆。随着学习的深入，这既能帮我们锻炼大脑的反射神经，又能帮我们加速大脑的运转。

3. 手写完成，课题明确

1分钟手写的要点在于，我们要把时间严格控制在1分钟内。1分钟之后，即便我们的大脑里萌生了新的念头也不可再写，因为“1分钟手写”的目的在于帮人们确认我们当前的记忆水平。

如果在这1分钟内，我们能做到笔耕不辍，1分钟之后依然觉得还有内容可写，就能算是合格。这也意味着我们对这段手写内容的记忆已经达到了很高的水平。

如果在这1分钟内，我们书写的过程总是断断续续，就说明对这部分内容依然不太熟悉，存在记忆模糊的地方。

除此之外，想必有相当多的人在这1分钟内会废话连篇，迟迟写不出要点。如果能在起步阶段就顺畅地写出所有要点，可以说是很不简单。

从本质来说，手写的行为本身颇有意义。“手写”与经历的记忆直接相关，具有辅助我们回忆的效果。

如果没有达到手写的合格标准，之后的复习也就大有必要。而且，手写结束后马上展开复习，也能收获更佳的复习效果。

虽说是复习，其实只要再读一遍知识点即可。因为，在“1分钟手写”结束之后，大脑正处于查漏补缺的状态。

此时，我们的大脑正处于积极吸收信息的状态中，切勿错失良机。

复习结束之后，请大家务必就复习内容"1分钟手写"。手写只需一遍即可，否则会打乱学习节奏。

完成这一步后，我们可以再以"三画圈反复速记法"进行下一段内容的复习。

4. 1分钟手写：概要

（1）回想不起来也不能停笔。

确定关键点，把想到的关联信息如实写下来。

"美索不达米亚文明"

兴起于底格里斯河和幼发拉底河流域，人类已知最早从事农耕和畜牧的文明。然后……然后有青铜器和文字。文字叫什么来着？忘了……啊，像是某种形状。虽然具体叫不出来，总之是某种象形文字。该文明的历史时期介于古埃及文明和华夏文明之间……”

（2）1 分钟内手写不停。

即便头脑一片空白，也要形成文字。把脑中所想如实记录下来，并且设置 1 分钟的时限，使大脑保持危机意识。

（3）找出尚未掌握的部分。

目的在于确认当前的记忆水平。如果书写断断续续，说明记忆存在模糊之处。

（4）立即重读学习内容。

对大脑查漏补缺，重读学习内容后迅速再来一次“1 分钟手写”，达到增强记忆的效果。

知识网络化的“1分钟匹配”学习法

上一节介绍的“1分钟手写”旨在帮助我们深度挖掘知识，与本节提到的“1分钟匹配”学习法相比，二者的目标并不相同。

由于知识点的复杂性和关联性，难免需要我们系统地去记。此时，“1分钟匹配”学习法大有用武之地。

“1分钟匹配”学习法，不局限于单项学习，而是注重知识点与其他项之间的联系。在大脑中进行全局性的梳理，是本条学习法的目的。

参考这则学习法完成后的图形类似于表述各事项关联性的地图，所以称之为“1分钟匹配”。

与“1分钟手写”相同，该学习法也适合在“三画圈反复速记法”结束后的次日早晨展开。

接下来，笔者结合具体例子进行说明。

首先我们要明确关键点，然后开始匹配，假设以“动物”作为关键词。

“1分钟匹配”学习法的重点在于梳理知识点之间的关联性，所以在我们展开联想时不必书写出完整的“文章”，只需记下“单词”即可。

完成“1分钟匹配”学习法后，我们能获得一张帮我们俯瞰全局的知识网，各项之间的关系也一目了然。这能帮我们系统化理解需要记忆的内容。

与“1分钟手写”一样，开始前，请大家准备一张A4纸。不过，在进行“1分钟手写”时，我们的纸张可横可竖，而在进行“1分钟匹配”时，把纸张横过来更能方便我们发散思维，写写画画。

这项学习法的时限也是1分钟。

在我们完成准备工作后，可以在A4纸的中心写上关键点，然后画上方框。

按照最初的假设，我们可以给它画两次“动物”框，强化以“动物”为关键点的意识。

在A4纸的中心位置写下关键点，以此展开联想，各种词语便可向四周散射开来。

围绕动物这个关键词，我们的灵感也是源源不断：大象、长颈鹿、鹫、人、猩猩、海豚、鸡、蛇、乌贼……

为了和关键词区分开来，我们可以给四周的词语画上圈。然后，可以围绕衍生的词语继续发散思维，不断添加新的内容。

1. 尽量不要停笔

由于是从关键点展开联想，类似“1分钟手写”这样奋笔不停自然并非易事。不过，也请把时限设为1分钟，尽量不要停下手中的笔。

道理也是一样——集中注意力，不给大脑停歇。

从中心位置的关键点起步，在关键词周围写上关联词，但“1 分钟匹配”对书写的位置和顺序倒没什么讲究。只要纸面留有空白部分，随处皆可写下。不过，**关系紧密的词语尽量靠近排列，这也有助于扩充思维。**

从匹配“动物”的角度来说，可以把形状相近的物种集中到一起。

“好像没什么关系吧？”即便心中存有这样的疑问，我们也万不可就此停笔，把该项是否必要的判断放在“1 分钟手写”结束之后。总之，切勿进行多余的思考，对内容的筛选放在之后即可。

2. 点线相连，围绕相同点汇总知识

无论如何都想不出关联词的情况在所难免。此时，我

们不妨先画上空的圆圈，然后纵观全局。**一旦发现缺失部分，立即开动大脑填补**，这样也能促使我们的大脑高速运转。

在1分钟内写完关联词，然后分别确认词语与关键点的关系。由于在进行“1分钟书写”时，我们无暇考虑整体的关联性，纯粹是把想到的词语写下来，所以这时候需要对词语进行汇总和编辑。

在审视词语时，我们可以先把与关键点有关的部分用线连起来。连线完成后，我们可以再把同类项用线框起来。最后，我们可以先试着理清不同人物之间的关系。

在这里，我们可以参考小说或电视剧的人物关系图。人物关系不外乎“父子”“兄弟”“朋友”“同事”“敌人”“爱人”等，我们可以先试着为之画线并写出之间的关系。

回到先前以“动物”为关键点的例子，请按照“脊椎类”“哺乳类”“卵生”“肺呼吸”等关系来分类吧。

3. 完成知识点的关系图

在我们用线连接关联项，用框圈出共同项之后，便可从整体的角度对内容加以审视。

与“1分钟手写”不同的是，写完单词后的整理时间对大脑至关重要。

此时，请大家积极开动大脑的编辑功能。通过从全局俯瞰匹配结果，大脑或是能自动查漏补缺，或是能找出新的关联。**总之，赶紧把新的发现补充记录下来。**

补充完毕后我们可以继续纵观全局，写下新的想法。如此循环往复，直到再也没有新的发现才算大功告成，此时我们大脑中的信息已是井井有条。

此外，与“1分钟手写”相同，刚刚完成“匹配”后，我们的大脑对关联项格外敏感，此时也更有利于我们的大脑吸收信息。

因此，切勿错失良机，对匹配的学习内容赶紧再复习一遍吧。

由此，我们对知识的也能理解得更深，记得更牢。

1分钟匹配：概要

（1）确定主要的关键点。

确定核心关键词，写在正中并画框

（2）1分钟手写关联词。

在关键点的四周写上关联词并画圈

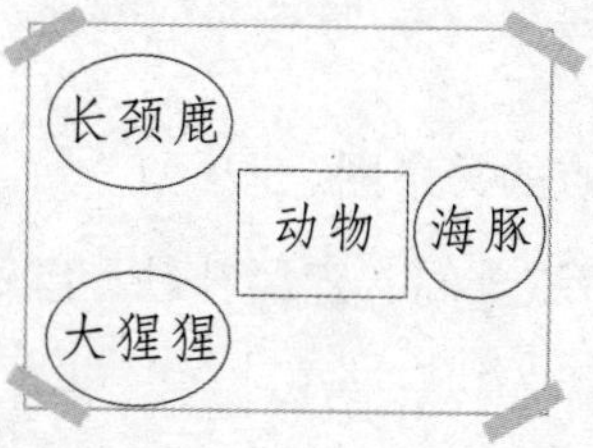

（3）词语之间用线连接。

想不出时可以画个空的圆圈

关联项连线，同类项画圈

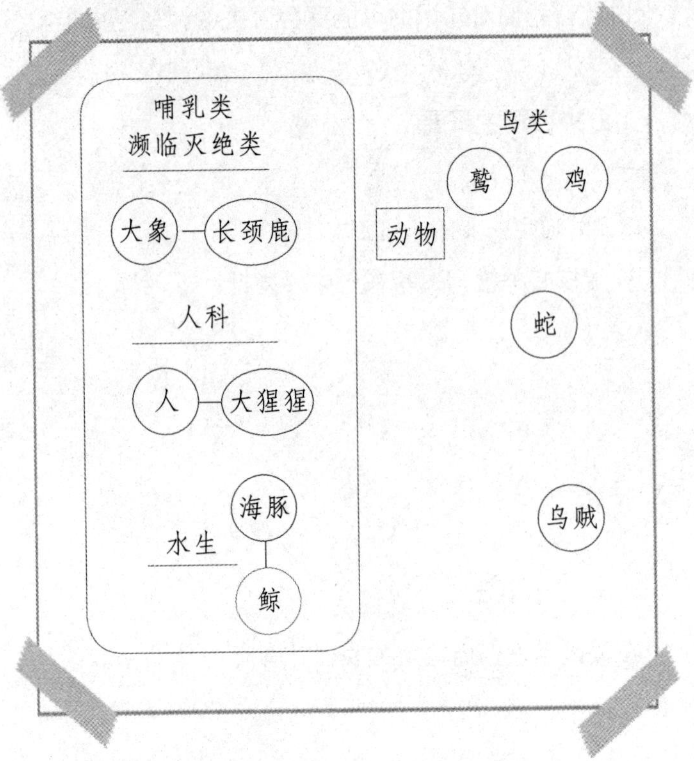

（4）完成知识点的关系图。

写完关联性后俯瞰全局、查漏补缺，继而完成头脑中信息的整理。

第四章

长时间保持干劲的通用方法

赖以获得世界记忆大师的情绪控制法

笔者从小缺乏自信，总觉得“会有不好的事情发生”。一旦电话铃声响起,就会本能地觉得“不会有什么好消息”,因此并不喜欢接电话。

以这样的性格至不惑之年报名参加记忆力大赛，笔者抱的就是“打破现状、挑战自我”的初衷。由于笔者之前从未参赛，心中难免忐忑不安：“万一丢人现眼怎么办？”为此，笔者多有犹豫：与其拿个惨不忍睹的成绩，倒不如趁早弃权。

但在笔者认识到这样的想法不可取之后，就试着冷静地分析自身的心态，继而发现了自己的潜意识：虽然笔者口口声声“不满足于现状，希望更上一层楼”，但其实笔者对自身所处的环境并无不满，潜意识里也并不想跳出自认为安心又安全的现状。

如何转变观念？笔者苦思良久，终于有所发现：脑中常有“会发生不好的事”的想法，只因笔者自视甚高。

假如抱定“生活就应一帆风顺”的过高期望，所有低于这个标准的现象自然就被笔者归为“不好的事”。

为此，我们需要换个角度思考：“万事开头难才是正常现象。”

虽然人生之旅并不平坦，追求完美也是人之常情。然而，倘若抱着这样的心态生活，稍有挫折便足以令人动摇。

所以，我们需要在平时把姿态放低，把失败和挫折视为常态，抱着一切都会“好起来”的心态生活。

有一天，笔者打开电视，屏幕上正好是某位体育明星接受采访的片段，巧的是，这位体育明星也把失败视为成功之母："人生犹如登山，有山峰也有山谷，山谷再深也无妨。越是陷于低谷，反过来攀登的山峰也越高，苦尽才能甘来。"

笔者素来优先考虑困难、痛苦和麻烦。也许有的读者会觉得这不可思议，但笔者在有所行动之前确实会反复想着这条生活信念："我不怕麻烦，我情愿痛苦。"

期待麻烦和痛苦，这并非言过其实。比如，在生活中没人喜欢打电话去赔礼道歉，但如果他能意识到这也属于"我不怕麻烦、我情愿痛苦"的一种，这个电话也就不再难打。

当我们对日复一日的晨练或打扫房间心生厌烦的时候，一旦想起这条信念，恐怕也能振作精神重启晨练，或者是迅速拿起扫把打扫房间。倘若我们能从小事做起，持之以恒，那我们的意识也会逐渐发生变化。

笔者由此迈出挑战新事物的第一步，最终成为日本最强大脑，成为了获得世界记忆大师头衔的日本第一人。

从应试的角度来说，日复一日的学习毫无乐趣，甚至苦不堪言，遇到挫折就想退却也在情理之中。

“困难理所当然，胜利就在前方。我不怕麻烦，我情愿痛苦。”若大家能坚定这样的信念，便可向着目标勇往直前。

写在纸上与开动大脑

最近流行一种说法，各行各业的成功人士在少年时代就把对未来的憧憬写在纸上。他们最终都如愿以偿，这确实令人感叹。

“把目标写在纸上！”这句话，我在过去就有所耳闻，他们也是这句话最好的实践者和代表。

在笔者参加世界记忆力大赛时，力争成为世界记忆大师的日本第一人便是笔者的目标。为此，笔者专门把它写在纸上并贴在墙上：“我一定要成为日本第一位世界记忆大师！”

把目标写在纸上，成功的可能性能大为提高，这是为什么呢？笔者试着结合自身经历分析原因。

人们的大脑每天保持高速且不间断运转的状态，从一个问题考虑到另一个问题。此时，我们的大脑或许这么认为，但下一秒大脑又换了新的想法。

喜欢冥想的人一定体会过这种感觉。冥想本是为了摒弃杂念，结果反而会让大脑越想越多，各种新思维也是层出不穷。

基于这个原因，即使我们向高速运转的大脑灌输自身的意志，结果恐怕也很难被大脑“理解”和“接受”。

“如果能这样就好了……”类似这样的念头完全淹没在各种思绪之中，根本无法引起大脑的重视。

所以，我们有必要停止大脑的高速运转，使之彻底接受“我想实现这个目标”的意愿。

“色彩暗示”堪称大脑的一大特质，大脑一旦引起重视，就会全力以赴地运转。

例如，我们可以在走出家门时对自己说：“今天找一找红色的事物吧。”出门之后你很快就会发现，各种红色的事物纷纷跃入眼帘。

请读者朋友试着闭上眼睛，选定一种颜色，然后睁开眼环视四周。相信该色彩的物体能立马被你找出来。

一旦接受、认可某项信息，人们的大脑便如红外制导的导弹一般自动寻找目标。因此，假如我们把搜索对象设为自身的目标，大脑便会自动向着目标迈进。

为了使大脑轻松、准确地理解目标，把目标写在纸上能帮你收获极佳的效果。

写在纸上的目标可以是考试合格，也可以是考到多少分。例如："一定要考上某某大学！""托业考试拿到900分！"……总之，目标越精确越好。

而且，**不必只写最终目标，我们可以尽可能多地把达成最终目标之前的各个小目标都写下来**。例如："每月记住100个英语单词""每天翻3页习题集"……

最终目标并非一步到位，我们的大脑虽然犹如精确制导，但是锁定目标并不容易。

与之相反，短期目标的实现近在眼前，导弹锁定的精度就会提升许多。随着小目标的纷纷实现，我们离最终目标也越来越近。

每天，我们都要重温写在纸上的内容，同时，我们要比对小目标的完成进度，步步为营，这样一来就能帮我们实现最终目标。

在这过程中，请读者朋友务必记得**定期更新内容**。毕竟，随着学业的推进，我们的小目标也在不断调整，甚至我们的最终目标也有可能有所提高。为了避免在中途迷失方向，我们有必要对发给大脑的指示做出微调、变更。

另一方面，不妨思考一下达成目标后的自己会是怎样的，你到底希望变成怎样的自己？如果我们把这份憧憬一并写在纸上，那么这个印象定会常驻心间，我们实现目标的意愿也会更为强烈。

大脑为实现目标而拼命运转

① 写下最终目标；

② 写下大量实现最终目标的小目标；

我的目标！
“托业考试拿到900分！”
每月记住100个英语单词
每天翻3页习题集
……

③ 定期更新目标，以小目标为主。

为了使大脑轻松、准确地理解目标，“写在纸上”效果极佳。

心中所想与理想实现

许多名人达成目标和走向成功的道路具有相通之处，以往大量介绍成功法则的书籍对此也是津津乐道。

其实，这也是借助本书中多次提及的“形象的魔力”。

此处的“形象”指的是脑海中浮现的印象，借助形象的魔力，成功的可能性也就大大增加。

人们每天都会有各种各样的言谈举止，然而，这些行为都是出于自身意愿吗?

我们固然会有“做这做那”的念头，但这些只占极少部分。

毫不为过地说，人的行为有九成是无意识的反应。

从早晨起床到上学或上班的行为并不需要我们对此深思熟虑，想必大家骑自行车或洗澡也是如此。

日常生活中的无心之举大多是我们下意识的行为，如果可以在潜意识中植入自身的目标，就能帮我们自然又轻松地实现目标。

潜意识的入口终究还是大脑，所以我们必须敲开大脑的门户。为此，我们有必要用大脑更易于理解、接受的方式向大脑传达目标。

为了理解这一点，我们可以把大脑定位为另一个听我们说话的人。

举例来说，假设某人有重要的事需要告诉对方。如果他只是按照自身的理解滔滔不绝，对方或许一脸迷茫、不知所云。但是，倘若换一个人来说，对方却是一听就懂。

二者的差别究竟在哪里呢？

所谓便于理解的表达方式，就是对方在聆听时脑海中也能相应浮现形象和印象。

如果“形象”直观且方便理解，那么“印象”自然深刻。

我们的大脑固然优秀，但也有模糊的一面，具体来说就是大脑难以区分理想与现实。换言之，对大脑来说，“观察现实中存在的事物”与“审视脑海中浮现的形象”没什么两样。

二者其实并不矛盾。大脑容易把假想的形象当真，于是，巧妙借助大脑结构和功能的记忆法便大有用武之地。

笔者已经多次强调，我们只需对该形象多加复习便可加深记忆。

由于脑中所想并未实现，所以它只不过是“对未来的记忆”。但是，只要这个形象常驻心间，我们的言谈举止便会受其影响，这会引领我们悄然向着目标挺进。

浮现形象并非难事。在夜深人静、准备入睡之前，我们不妨自由发挥想象。例如：设想我们取得成功后的模样，朋友及家人献上祝福的场景，达成目标后我们所处的环境……

起初，我们难免会有头脑一片空白的情况，但是多加尝试之后，形象自然会浮现，仿佛就在眼前。

大功告成的欣喜、成功后的喜悦……这些感情光是想想，也足以令人欢欣鼓舞。

同时，这份期待也会传递给大脑，给我们的大脑留下深刻印象。

请读者们务必在每天入睡之前，尽情畅想未来，怀着幸福感和喜悦感安然入睡。

学习成果可视化

时至今日，世人依然惊叹埃及金字塔究竟是如何建成的。但是，倘若我们想到这是历代法老倾尽举国之力，耗费大量人力物力才实现的成果，似乎也就不难理解了。

搭建金字塔与实现目标的学习法有殊途同归之处。

金字塔雄伟壮观，尤以位于吉萨（Giza）的三大金字塔最为著名。但是，即便借助当今工艺和技术，建造三大金字塔也是一项旷日持久的浩大工程。

按照以往的说法，古埃及人建金字塔是征用大量的奴隶强制劳作。然而，最新的研究却提出了不同的见解。

单凭苦力不足以完成如此宏伟的建筑，奴隶的积极性也是可想而知。因此，实际参与工程的还是平民，尤以从各地征集的农民为主。

这些劳动者都是从头到尾持续不停地参与建设吗？

如若不然，他们是否采用换班制度呢？从提升劳动积极性的角度来看，这个办法确实高明。

金字塔巧夺天工，远超常人想象。对于普通劳动者来说，他们根本想象不出什么时候才能建完。日复一日地为了看不见的目标挥汗如雨，他们的干劲很快会消磨殆尽。

一旦实行换班制度，只要他们完成自身份额的任务便可休息，何况还有报酬可拿。

回顾自身堆砌的石块，成就感也是油然而生，他们或许还会和现代人一样举杯相庆。

之后，当再次轮到自己的时候，工期计划一目了然，也可精神抖擞地重新投入建设。

金字塔的兴建过程也为我们的学习带来启示。

参与建设的劳动者们抱着各不相同的动机，笔者认为，绝大多数是出于自身堆砌多少石块的成就感。报酬固然是不可否认的理由，但是与拜倒在宏伟建筑之下、亲眼目睹自身劳动成果的感动相比，钱实在是微不足道。

对于日常学习来说，无论取得多少进步，终究缺乏实感。所以，我们要把每个小小的进步视为金字塔的石块，换言之即**学习成果可视化**。

可视化的名词虽然拗口，但是现实中我们已经无意识地加以运用。以英语单词本为例，不少人会一边记单词一边画正字计数，正字与复习的动力密切相关。

另一种常见的方法是在纸上画圆圈，然后每实现一个目标就涂一个。

此时，笔者的建议是圆圈越大越好。为了集中精力、专心学习，一张纸上的圆圈不宜太多。如此一来，纸上的圆圈很快就被涂满。而且，随着完成的纸张纷纷累积，成就感也大为增加。

学习时务必把完成的纸张放在身边。成果一目了然，学习的信心和动力也不断提升。

此外，为了使学习成果可见，堆积笔记本和打印件也是不错的办法。

涂满圆圈、积累学习材料，感觉就和体验闯关游戏一般。久而久之，学习的金字塔也逐步建立起来。

了解“学习高原”，避免手忙脚乱

无论何时，技艺的提升都离不开大量的练习。

长期向着一个目标奋斗的读者想必深有体会，技艺的增长并不是伴随练习或训练的量而呈“直线上升”的态势。其中必有一段停滞的瓶颈期，只有克服这个阶段方能升至更高的境界。

这是磨练技艺的必经之路，无人可以例外。

上升曲线具体如下面视图所示。起初，所学技艺都是相对简单的基础内容，曲线也是急剧上升。此时，练习或训练也让人乐此不疲。

然而，跳过初学者的阶段之后，曲线在一定时期内的走势也变得平缓。毕竟，为了提升技艺，难点逐渐增多，而且避无可避。

由此可见，技艺磨练必然是一个类似走楼梯的过程。虽然基于学科的难易程度和个人能力的差异，曲线的角度和幅度各不相同，但基本形状大抵如此。

仔细审视曲线图，不难发现其中会有一段平稳时期，笔者称之为“学习高原（Learning Plateau）”。

无论我们如何勤学苦练，在这段时间，我们的技艺始终不能更上一层楼，这段时间堪称一段折磨人，令人纠结的时期。

这条技艺成长曲线同样适用于学习。

伴随学习的深入，是否理解并掌握成长曲线，结果也大不相同。

天才也无法避免的瓶颈期

在某短时间内，知识虽然被我们装进大脑，但是我们却没办法把它迅速调动出来，在这段时间内，大脑需要将知识转化为便于使用的形态。

假如不了解成长曲线的特征，我们有可能迷失方向、事倍功半。

当我们处于“学习高原”的阶段时，知识虽然可以被我们装进脑海中，但不能被迅速调取。换言之，我们无法对知识运用自如，成绩自然难以提升。

在这段时期，当事人会有止步不前的烦恼，但这段时期对大脑来说至关重要。

在“学习高原”的阶段，大脑把信息转化为便于使用的形态，这也是加工和培养知识的时期。在大脑完成这阶段的整理后，大脑中的知识便可灵活掌握。此时，我们大脑就如同井井有条的书架，能让我们轻松找出想要的“知识”。

一旦跨越这个阶段，我们的反应就会更为灵敏、思维也更为广阔，成绩也更上一层楼。

如果有人对“学习高原”一无所知，那么他很容易就此放弃。遭遇瓶颈时，我们切勿手忙脚乱，而是应该满怀期待地克服这个阶段：“到了高原阶段啦！这意味着胜利就在前方！”

鞭策自我，把每天当作人生的最后一天

英文 Positive thinking，指凡事我们都能积极乐观地看待。

笔者对此深表赞同。不过，值得注意的是，如果一直抱着乐观的心态，难免会有适得其反的时候。

在解释这个概念时，“半杯水”堪称耳熟能详的理论。

假设你在炎热的沙漠中迷失方向，此时已经是口干舌燥。在这个时候，如果你眼前出现了半杯水，你会觉得是“只剩半杯”还是“还有半杯”呢？

“还有半杯”符合积极乐观者的心态，其生还的概率也要比悲观主义者高出许多。

事实或许确实如此，但是这样的心态容易在学习中招致危险。

以重要的考试为例，从2年前开始倒计时，很快1年过去了，如今只剩下半年。此时，你是认为“还有半年”，还是“只剩半年”呢？

对比“半杯水”的例子，“还有半年”的言下之意是安于现状，其实十分危险。

人一旦对现状感到满足，潜意识中也会变得不思进取。而且，本想维持现状，结果却是成绩滑坡，这样的情形不为少见。

请读者们千万不要误会，笔者并未否定积极乐观的态度。积极地展开设想有助于大脑为实现目标而运转，基于这个原理的记忆法也在本书中多有提及。

不过，为了保证学习的动力，在积极乐观的同时，我们还需要抱有一定程度的“危机意识”。

笔者时时提醒自己：人终究有惰性，缺乏自我鞭策。往往是，简单的事抢着去做，却把难题置于脑后。

笔者在此向大家介绍既不失危机感又能帮你集中精力学习的终极记忆法——“把每天当作人生的最后一天。”

人生的终极目标就是心满意足地度过一生。明知当前若是不思进取、悠闲度日将来就会追悔莫及，但是世人依然缺乏足够的危机意识。

至于是否能心满意足地度过一生，答案恐怕只有临终之时方能知晓。

我们不妨坐上时间机器，试想一下自己临终前的形象。想必未来那个自己恐怕要对你说：“眼下的大好时光岂能白白浪费？”

想必再没有比这让人不寒而栗的危机感了吧？

在人生的长河中，应试学习只不过是其中的极小一段。

不过，若能达成考试合格的目标，这也是足以满意的回忆。

假如心生懈怠、学习拖延、觉得时间还很宽裕，试着让未来的自己给自己当头一棒吧！

人生苦短，只不过年轻的我们却难以察觉。

“那时候真应该这么做，再努力一下就好了。”为过去而后悔其实于事无补。

人生随时可以重启，无论从几岁开始都可以勇敢尝试。与其为了将来烦恼，倒不如珍惜眼前，努力拼搏。

偶尔需要“神明”庇佑

笔者每天都有几项必须完成的功课，其中之一是慢跑。这个习惯也是笔者自参加世界记忆力大赛日本选拔赛时开始养成的。笔者每天都会在住所附近跑上一段。

为参加世界记忆力大赛日本选拔赛而勤学苦练的那段时期，笔者其实极为孤独。由于只能独自准备，如何保持练习节奏便成了大问题。

一般来说，自学时间要远远超出在校听课时间。因此，从应试的角度来说，自学效率极大地影响考试的合格率，更何况笔者完全靠自己摸索。

长时间坚持自学殊为不易，我们难免会心生懈怠或者忐忑不安，因此自我鞭策必不可少。

这对于意志坚定的人来说或许不难，但是半途而废、浅尝辄止的人也不算少数，笔者也在其中。

经过多方考虑和比较之后，笔者终于找到适合自己的终极监督员。他有求必应，而且所言深得我心。

提起监督员，读者朋友的第一反应当然是人。不过，笔者求助的对象影响力更大，那位终极监督员可是“神明”。

笔者所说的“神明”并不是某个特定的神，而是自己假想的一个无所不能的存在。

为什么要向一座来路不明的“神明”求助呢？因为笔者并非祈福，而是与“神明”达成协议，希望对方监督自己。

“请见证我在 ×× 的途中一帆风顺。”

在达成协议之后，笔者每次经过都会汇报近况。既然汇报的对象是洞察一切的神明，笔者自然不敢说谎。

请来“神明”担任监督员，这个协议的约束力也得到保证。毕竟，敢对“神明”说话不算数的人没有几个，笔者也不例外。

第五章

关键时刻出结果
——集中注意力的终极办法

借助计时器加速运转，促使大脑集中注意力

世间存在多种快速阅读书籍的技巧，读者们可曾了解一二？

“快速阅读”能充分利用大脑的潜意识，简单来说就是一目十行、默读文章。

即便没能掌握这个技巧，我们也可通过其他办法实现快速阅读，那就是“**限时阅读**”。

大多数人在看书时并不在意速度，假设赋予 1 小时的阅读时间，他们也不知如何分配。例如：“这一章要在 5 分钟内看完”“这一卷要在 30 分钟内读完”……

在介绍“1 分钟手写”学习法时笔者已经提到，一旦设置时限，大脑的运转速度也大为增加。**限定时间之后，**

大脑的注意力会比平时更集中。

大脑的这个特征同样可以用于快速阅读和学习之中。

在为学习设置时限时，决不可含糊其词，例如："大概 × 分钟"。否则，大脑的紧张程度未免不足。只有施加压力，大脑才会予以重视："好吧，接下来非卖力不可！"

为了催生紧迫感，我们可以借助"计时器"。"计时器"在厨房等地多有用武之地，时间一到就会铃声大作。

在记住设定的时限后按下计时按钮，大脑自然会产生在有限的时间内学完课题的紧迫感。

那么，设置多久的学习时间才合适呢？

从人们集中注意力的持续性考虑，学习时间设为 15 分钟最为理想。换言之，15 分钟学习 1 个单元。

不过，具体情况要因人而异。因此，我们可以从 15

分钟起步，然后找出最适合自己的学习时间。

在 15 分钟学完 1 个单元之后，我们需要休息一下，为下一个 15 分钟养精蓄锐。

在这段学习过程中，我们把休息时间控制在 5 分钟内最为合适，当然也可以结合具体的学习时间适当加以微调。

休息时也别忘记使用计时器，以免稍不留神就超时。

而且，在休息时，请大家务必使大脑保持放松状态，在这段时间内，你可以去洗手间，或者补充水分。总之，切勿再为其他事情费心。

综上所述，我们可以借助计时器展开 15 分钟的集中学习以及 5 分钟的休息。

同为 1 小时的学习，“15 分钟 +5 分钟”的循环模式更有助于我们集中注意力，提升我们的学习效果。

关键时刻补“水”，增强大脑活力

世界记忆力大赛限时 3 小时，大脑在 3 小时中需要保持全速运转的状态。

比赛中允许选手补充水分，而包括笔者在内的大部分人都选择“水”。

虽然笔者的选择是基于自身习惯，但也合乎大脑补充水分的科研结果。

研究表明，大脑的 80% 是水分，一旦大脑中水的比例发生变化，就会对我们理性分析的水平产生巨大影响。

另一方面，既然补充水分可以提升我们理性分析的水平，或许补充含糖的饮料效果更佳。

葡萄糖确实可以作为大脑重要的营养补充，提升表现也在情理之中。不过，在笔者看来，在学习等大脑活跃期需控制糖分。糖分本身没有问题，但是糖分的摄入会导致血糖升高。若是甜味的饮料，其中的糖分极易在短期内造成血糖急速升高，之后再急速下降。血糖急速下降会影响我们的注意力和思考能力，因此明智的做法还是从食物中摄入葡萄糖。

那么，茶、咖啡等含咖啡因的饮料效果又是怎样？

根据近年的研究，咖啡因可以促进大脑发挥功能，有助于我们集中注意力、提升记忆力，前提在于摄入合理的量。摄入一旦超量，反而有害无益。过剩的咖啡因极易令人不安，并且会导致短期内记忆下降和大脑疲劳的情况发生。

基于以上原因，学习时可以喝水或不含咖啡因的饮料，学习前则应选用含咖啡因的饮料。至于学习时的用餐，可按照补充饮料的原理一并考虑。

假设学习中血糖大幅下降导致注意力不集中，那么我们就需要补充葡萄糖。在这个时候，我们可以选用促使血糖缓慢上升的食物，例如：巴旦木、胡桃等坚果。

坚果转换为糖分和碳水化合物的量较少，同时含有大量蛋白质。在另一方面，**坚果富含的不饱和脂肪酸也为大脑保持活力提供重要营养。**

事实上，笔者每次参加记忆力大赛时都会随身携带坚果。坚果不必一下子吃许多，只要在我们略感饥饿时吃上几颗，达到帮我们调整血糖值的效果即可。

强烈建议读者们**在学习时注意补“水”，在空腹时吃些“坚果”。**

向铃木一郎学习“集中注意力的3点聚焦法”

对于热爱学习的人来说，学习本就其乐无穷，因此很快就能进入状态。但是，这样的人想必为数不多，“迟迟不能集中注意力”的人才占多数。

这很大程度源于精神层面的影响。

美国职业棒球大联盟明星击球手铃木一郎以出类拔萃的专注力名闻天下。他从等待席到步入击球区做好准备的一连串动作具有鲜明的个人色彩，也给笔者留下深刻的印象。

面向中心区域持棒而立时，铃木一郎每次都是同一套动作。那么，读者朋友可知道他最后一个动作是什么？

那就是眯着眼睛凝视球棒的最上端。

正所谓“眼睛是心灵的窗户”，目光可以反映人的内心。假如心神不宁，视线就无法集中。因此，铃木一郎强行把目光聚焦一点是为了排除杂念、进入专注模式。

聚焦目光的办法并非他的发明，其实很多体育明星都会这么做。

或许笔者有些自卖自夸，但在笔者借鉴并改良这个办法之后，参加记忆力大赛的成绩也明显有所提高。笔者将其命名为“集中注意力的3点聚焦法”，在此郑重向读者们推荐。

这则方法其实毫无难度，只需借助笔记本、记账本或者是双手就能实现。简单的一则例子就是用钢笔画三个点。

首先，我们在纸上画三个保持适当的距离的点，让这三个点组成一个三角形。然后，从顶点开始，以顺时针的方向，我们分别聚焦这三个点。为了提升效果，建议大家可以让我们呼吸的节奏与凝视的时间保持同步。

此时不建议大家通过鼻孔呼吸，最好采用腹式呼吸法，即吸气时腹部鼓起，呼气时腹部放空。

腹式呼吸有助于调节我们的神经，能起到平心静气的效果。

在我们聚焦第一个点时，可以慢慢默数到3并且吸气，在我们聚焦第二个点时，同样数到3并且屏气，最后在我们聚焦第三个点时缓缓数到 3 并呼气。

像这样反复演练几遍，我们的注意力就能得到显著提升。除了学习之外，这则方法适用于多种场合，例如：我们可以把这个方法作为在职场上公开宣讲前的一项准备工作。

做好大脑热身，轻松引向“心流”

学习时间有限，为了提高效率，人人都希望大脑从一开始就能进入状态。

然而，现状却是大脑一时没有反应过来或者运转缓慢的情形更为多见，在此笔者介绍一个不错的办法。

正如开车一样，我们的大脑不能立刻调整自己到最高档位，必须从低档位开始慢慢提升。

基于这个思路，心理学家米哈利 · 奇克森特米哈伊

(Mihaly Csikszentmihalyi)提出“心流(Flow)”的概念。它具体指的是专注于眼前事物、心无旁骛、帮我们取得良好发挥效果的心理状态。

若大家能通过一些准备活动把自身引向“心流”，这将帮我们把大脑调整到最佳状态。

在《心流》一书中，米哈利·奇克森特米哈伊将心流形容为“无聊又不安的境界，于挑战要求与自身水平完美匹配时涌现”。换言之，对当事人来说既不太难也不太容易。

不过，笔者觉得有必要再补充一点——“不可过于乐在其中”。如果乐此不疲甚至如痴如醉，那就偏离本意。“心流”的初衷只是作为学习的准备活动，给大脑做好热身，最后我们还是要转到专心学习的状态。

接下来，笔者介绍两条符合这些原则的大脑热身运动。

首先是名噪一时的“**百格计算**”，想必不少读者对此有所耳闻。

具体来说，就是上方与左方的数字向下方和右方移动，如果公式为加法计算，则最终显示合计数。减法、乘法和除法也是同理，随着数字不断增加，计算的难度也越来越大。

此外，假如借助计时器限定时间，可以达到进一步集中注意力的效果。

百格计算如今已作为游戏公开发售，不过笔者建议用 Excel 表设置公式后自由练习即可。

第二个大脑热身运动则是“英语九九乘法表”。

九九乘法表人尽皆知、不足为奇，所以要用英语表现以加大难度。

虽说是用英语表现，其实主要就是用英文诵读乘法表。

比如，9x9=81 就是“Nine times nine is eighty one”。

请读者朋友尝试一下，由于我们采用的并不是母语，是不是略感压力呢？

这个热身运动与百格计算一样，限制时间更能帮助我们集中注意力。

这两个小技巧终究只是帮助大脑热身。正如之前所说，一旦大脑进入状态，我们便要立刻转入正式的学习。

避免关键时刻失手的数心跳训练

这是发生在笔者刚开始参加记忆力大赛时的故事。

当时，笔者自信满满地参加大赛的内部集训。然而，笔者因为临场过于紧张，结果自然是惨不忍睹。

足球比赛有主场（Home）和客场（Away）之分。主场就是自己的根据地，客场就是对手的球场。客场作战会给选手带来更大的压力，影响选手正常水平的发挥，这是足球界公认的不利条件。

与足球比赛不同的是，内部集训的参赛者只有寥寥几位，而且都是老面孔。但是，笔者还是感受到客场作战的压力，继而导致笔者发挥失常。

过度紧张会严重影响我们大脑的发挥，在失败的那一刻笔者对此感触颇深。

为了克服这个心理障碍，笔者开始尝试“数心跳训练”。

人在紧张时容易心跳过快，在正式比赛时也很难做出调整，反而愈加紧张。我们的大脑由此陷入危机，思考能力也大为下降。

若我们能从一开始就沉着应战，这样的情形便不足为虑。即便我们因为紧张而心跳加快，至少也不会头脑空白、手忙脚乱。

习惯在心跳很快的状态下学习，能让我们的大脑习惯

“处变不惊”。如此一来，即便正式比赛时我们的心跳速度慢不下来，由于大脑已经对此习以为常，我们依然可以保持镇定。

具体可以采用如下办法。

首先准备一个不高的台子，只要方便我们上下即可。如果手边没有台子，我们可以选定家中的某级台阶。然后，我们需要做的就是反复上去和下来。**目的在于模拟我们处于紧张状态时心跳加速的情形**。

运动量加大，身体感到危机，于是身体相应调整心跳。我们可以把目标设为每分钟心跳100次。不过要注意的是，这则方法并不适用于心脏不好的读者。

在我们的心跳比平时稍快之后，请马上转入学习，切勿等待心跳回复平稳。随着时间的流逝，我们的心跳数自然会回到正常值。反复演练之后，我们的大脑也会对紧张时的身体状态“习以为常”。

集中注意力的“记忆宫殿绘图法”

本节介绍的开动大脑、集中注意力的方法并不复杂，也不需要特殊的道具或环境。

作为集中注意力的训练技巧，“冥想”近来已成热门话题。

光从名字来看，或许有人觉得这很怪异。但是，它已被全世界的精英人士奉为最先进的脑力开发训练技巧。

冥想的效果已经得到了科学证明，而且，像谷歌这样的业界巨头也把它作为企业的内部培训课程。

其中，尤以“**正念**（Mindfulness）”**冥想法**最受世人关注。所谓正念，就是“此刻注意力完全集中”的意思。

即便我们专心致志地做事，难免也会有开小差的时候。令散落的思想回归中心也是集中注意力的一种方式，而“正念”正好可以培养这种能力。

为了使“正念”训练法简单易懂，同时辅以记忆技巧，笔者自创了“记忆宫殿形象法”，在此与读者分享。

“记忆宫殿”是记忆法中的专业术语，虽然本书直到现在才提及这个名词，其实在前边的内容中已经有所介绍。根据第一章“审视家中布局、打造记忆装置”的讲解，我们可以把住所或身边的场所转换为保管记忆的场所，而这个场所就是“记忆宫殿”。

请回顾第一章的内容，只需选定 10 处，我们便可搭建记忆宫殿。

（1）首先是坐姿。我们可以盘腿席地而坐，也可以坐在椅子上，只要能坐定即可。接下来，请挺直腰杆，双手放在膝上，阖上双眼。

（2）其次是呼吸。在这里我们要尽量采用腹式呼吸法，越慢越好，慢速的腹式呼吸可以起到放松身心的效果。

（3）接着，配合呼吸速率我们慢慢抵达大脑中的记忆宫殿。具体来说，从吸气开始，直到呼气结束，以此作为一组呼吸的循环。

假设记忆宫殿的第一处是床，那么此时我们的大脑就会回想起各种形状和颜色的床，在这个环节，请大家尽量回忆相关细节，包括床的颜色、质感等。

当第一组呼吸循环结束，向第二组呼吸循环切换时，我们的大脑也应向第二处场景转换。如此一来，每组呼吸分别对应记忆宫殿的不同场所。场所跟随呼吸进行依次转换。

（3）假如在中途，我们因心浮气躁而想不起宫殿里的场所，请尽快平静下来，迅速浮现容易回想的场所。只要从该处配合呼吸继续展开回忆即可。

至于具体时间，我们不妨把起步阶段设为 1 分钟。随着我们熟能生巧，可以慢慢把时间延长至 3 分钟、5 分钟、10 分钟，直到最后每组循环可以回想 20 分钟。

在走到记忆宫殿的尽头之后，也请记得回到步入宫殿的第一处场所。

当然，在平时我们要有意识地为记忆宫殿增砖添瓦。如此一来，我们可用的记忆保管场所也会越来越多，可谓一举两得。

把“耳塞”作为集中注意力的开关

探讨学习环境时，周边“声音”的影响常被提及。究竟是没有一点声音才好，还是流淌某种音乐效果更佳，对此始终众说纷纭。

单从记忆的角度来看，以记忆为目标的学习还是需要安静的环境。

笔者对此深有体会，因为包括笔者在内，参加世界记忆力大赛的选手大多戴着耳塞、耳麦（可在噪音环境下使用的头戴式耳机）或者带减噪功能的耳机。

在比拼记忆力时，选手需要沉浸在脑海中的世界。

为了记住大量信息，选手漫步在记忆宫殿，并在回想时找出相关记忆。这个过程需要高度集中注意力，但凡有一丝干扰的可能，都应在事先坚决排除。

撇去这个极端的例子，自学时也要步入自我的世界，这点其实与参加记忆力大赛没什么两样。

学习需要尽可能多地步入“自我领域（Ego domain）”，因此妨碍注意力集中的要素也需尽力排除。

除了消音之外，笔者推荐学习时戴耳塞另有原因。

竞技体育最近流行一个词语——“套路”。它指的是选手在比赛前的“一系列固定动作”，许多体育明星都有这样的习惯，这是什么原因呢？

套路的意义在于使训练时的表现在正式比赛时可以重现。把行为程序化和模式化，保持节奏、呼吸、心理状态的稳定，从而以平常心面对比赛，实现正常发挥。

总之，通过平时的反复训练形成套路，就像巴甫洛夫反射实验的小狗一样，我们自动就能进入集中注意力的模式。

这对学习同样适用，把戴耳塞的动作作为切换到记忆模式的标志即可。

遇到需要记忆的科目时，只要戴上耳塞，自身也就进入记忆模式。当然，戴耳麦也是不错的选择。

坚持养成习惯，大脑对此习以为常，每次戴上耳塞就会自动切换到记忆模式。

当然，这则方法仅限于需要记忆的场合，即输入知识的时候。解题或写论文等知识输出则不在此列。

毕竟，学习需要一定的创造性，安静的环境或许更为适合。因此，请灵活切换记忆模式的开关。

后 记

学海无涯，那痛苦和烦恼也应该是无涯的。

自从关注“记忆”这个话题之后，笔者经过研究发现事实并非如此。

痛苦并非源自学习本身，而是日复一日的无效学习。

随着学习的深入，成绩不佳的学生会觉得学习令人痛苦。然而，即便是成绩优秀的学生，如果学习效率不高，那就需要耗费大量心力保持成绩，因此他们也会为学习烦恼。

因此学习的关键在于“效率”。

影响学习的因素有很多，而效率是决定我们能否轻松记住内容的关键因素。

作为记忆的重要元素——大脑能否被巧妙利用也很重要。

当今教育界的目光已经转到“思考能力”上来，这固然没错，我也不会否定。但是“思考能力”并非凭空而来。只有具备丰富的知识和阅历，“思考能力”才有生长的土壤。

大脑的作用因此凸显。如果纯粹只是搜集信息，大脑只不过是记忆的载体。然而，正如本书介绍的那样，大脑具有将信息有机联系的能力。

假设大脑已经具备所需的知识，“思考能力”是否一定可以培养壮大？

这里我们不得不面对一个现实问题：也许未来会有客观评判每个人思考能力的办法，但是当前人们的判断依据还是“学位”“学历”“资历”……

而且，这个依据短期内不会发生什么变化。

毕竟，考试并非只看得分。它可以综合考验个人的能力，例如：为了及格而付出的“时间”持之以恒学习的“意志力”和“注意力”等。作为评判他人的尺度，考试今后必会长期存在。

相信读者朋友一定听说过“填鸭式教育”，大家对其颇有微词。在我看来，这是因为它不利于记忆所致。

然而，这个问题将来可以通过某种方法改变。如此一来，“填鸭式教育”也许就不再是贬义词了。

这也是本书的目标所在——挖掘更简单、更快速、能记住更多的学习法。一旦掌握这个技巧，就相当于拿到通向目标的特快列车票。本书若能对读者达成目标有所帮助，我不胜欣喜。

此外，我写作过程中，本书编辑武井康一郎先生一直在赞扬和鼓励我。如今本书得以完成，在此表示感谢。

最后，我父母想必从未料到自己的儿子会有著书立说的一天。谨将本书献给逝去的父亲以及对我写书多有支持和鼓励的母亲。

池田义博

2017年3月

图书在版编目（CIP）数据

你不是记性差，只是没找对方法 / （日）池田义博著；孙律译. — 上海：东方出版中心，2019.1（2019.3重印）

ISBN 978-7-5473-1385-5

Ⅰ. ①你… Ⅱ. ①池… ②孙… Ⅲ. ①记忆能力－能力培养 Ⅳ. ①B842.3

中国版本图书馆CIP数据核字（2018）第273425号

著作权合同登记号 图字：09-2018-1189

策　　划：方方
责任编辑：徐建梅
　　　　　杨典雅
封面设计：红杉林

你不是记性差，只是没找对方法

出　　版：东方出版中心
发　　行：东方出版中心
　　　　　北京时代华语国际传媒股份有限公司　010-83670231
地　　址：上海市仙霞路345号
电　　话：（021）62417400
邮政编码：200336
经　　销：全国新华书店
印　　刷：北京富达印务有限公司
开　　本：880×1230毫米　1/32
字　　数：120千字
印　　张：6
版　　次：2019年1月第1版　2019年3月第2次印刷
ISBN 978-7-5473-1385-5
定　　价：45.00元
